草地のにぎわいと多様なつながり

上伊那郡飯島町のフィールドワークから……

◉6月と9月
ソバの花がつぎつぎと咲くと、さまざまな昆虫がやって来る。

［第3章：ソバとシジミチョウ▼147・190－208ページ］

撮影＝葉 雁華

吸蜜のためにソバの花を訪れる虫たちは
送粉サービスにより
ソバの実りに貢献する。

◉上からコアオハナムグリ、ミヤマシジミ、セイヨウミツバチ
ハナムグリはコガネムシ科の昆虫の総称。
「花潜」と書き、花に潜って花粉や蜜を食し、花の受粉に深く関わっている。
［第3章：ソバとシジミチョウ▼196−215ページ］
撮影＝［上・下］永野裕大、［中］出戸秀典

畔や土手の草花が昆虫たちを呼びこむ

◉ミヤマシジミの生息地を維持する
土手の草刈りは、
いつ、どれくらいの草丈で刈るかが肝心。
［第4章：人と自然のリアルな関係▼226ページ］

◉秋の七草のひとつキキョウは
各地で姿を消し、
いまでは良好な草原の指標となっている。
［第3章：ソバとシジミチョウ▼157ページ］

◉このメドハギのように在来の草花が多い場所では、
ミヤマシジミも多く生息する。
撮影＝出戸秀典［上・中・下］

◉クロヤマアリに随伴されたミヤマシジミの幼虫。
幼虫の頭部に近い場所に、寄生バエによると思われる黒い点が見える。
［第3章：ソバとシジミチョウ▼162－65ページ］
撮影＝宮下俊之

ともに生きる驚異のしくみ

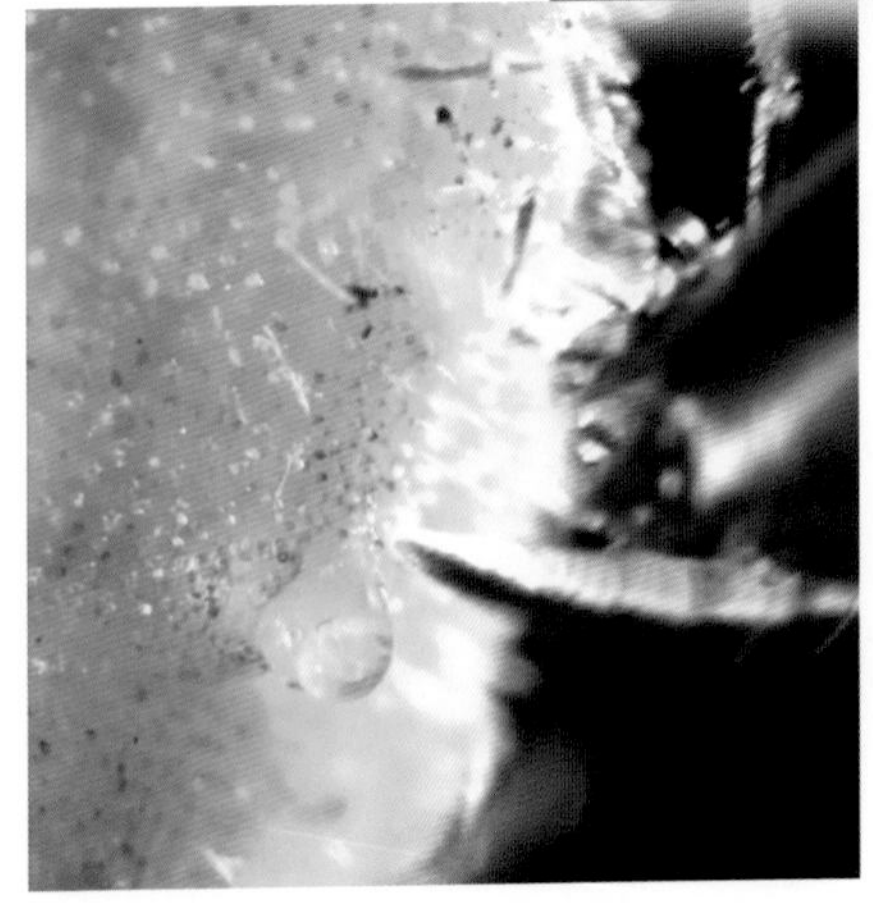

◉背面の蜜腺からアリが好む
甘露を出すミヤマシジミの幼虫。
［第3章：ソバとシジミチョウ▼164ページ］
写真提供＝NHK

◉ミヤマシジミの幼虫からの伸縮突起。
この伸縮突起からは、アリを興奮させる
化学物質が出されると考えられる。
［第3章：ソバとシジミチョウ▼164ページ］
写真提供＝ＮＨＫ

◉クロオオアリに守られた幼虫を
虎視眈々と狙うサンセイハリバエ。
［第3章：ソバとシジミチョウ▼166—67ページ］
撮影＝出戸秀典

産まれ、育って、はばたき、舞う…
畦畔や草地のにぎわい

◉コマツナギの枯れ枝に産みつけられたミヤマシジミの卵

◉ミヤマシジミの唯一の食草コマツナギの花にミヤマシジミの幼虫とアリがいる。蕾に食痕が見られる。

［第3章：ソバとシジミチョウ▼150ページ］

撮影＝［上・下］葉 雁華

◉ナガコガネグモは
草地に棲む強力な捕食者
［第3章：ソバとシジミチョウ
▼210ページ］
撮影＝永野裕大

◉越冬して春になると
鮮やかな水色になる
ホソミオツネントンボ
［第2章：里山の多様な生物▼088ページ］
撮影＝葉 雁華

◉夏、螺旋状に小さな花をつける
ネジバナと雌のミヤマシジミ
撮影＝出戸秀典

◉たたずむニホンアマガエル
［第2章：里山の多様な生物▼090ページ］
撮影＝葉 雁華

◉白いソバ畑と稲穂が黄に色づく水田。
9月、飯島町のいたる所に白と黄色のパッチワークが現れる。
［第3章：ソバとシジミチョウ▼152ページ］
撮影＝宮下直

◉日が暮れると、虫たちはソバ畑の周囲の草地で休む。
写真の蝶はベニシジミ
［第3章：ソバとシジミチョウ▼206ページ］
撮影＝永野裕大

……つづく……

宮下 直

Tadashi Miyashita

ソバとシジミチョウ

人―自然―生物の
多様なつながり

ソバとシジミチョウ――人―自然―生物の多様なつながり――目次

第3章 ソバとシジミチョウ――共に生き活かされる「つながり」の不思議

第4章 人と自然のリアルな関係――人工資本で充満した世界からの脱却

ソバとシジミチョウ

はじめに

私たちは、いまこの時、あたりまえのように地球という惑星の、日本という国土に暮らしている。人間社会も、それを取り巻く自然も、日常の時間からすればほぼ止まって映るかもしれない。だが、地球環境は過去数十年で歴史上類をみないほどの勢いで変化している。それはもはや進歩の代償などといって静観している状況にはない。人と環境の未来を考えるうえで、まず、なぜそのような事態に至ったのかを顧みることが必要である。

言うまでもないことだが、結果には原因がある。また、原因にも背景要因と至近要因があることはよく知られている。たとえば、利便性の高い快適な生活をしたいという人々の欲求（背景要因）が、化石燃料を大量に消費する工業化を推し進め（至近要因）、地球温暖化を引き起こしてきた（結果）ことは周知のとおりである。課題解決には、技術革新などにより至近要因の働きを弱めるだけでなく、背景要因となる人間の意識や行動の変革を進めていく必要がある。新技術は、往々にして新たな問題を引き起こしてきたことを忘れてはならない。

こうした温暖化の因果は比較的分かりやすいが、実際はもっと複雑なプロセスを経て、予期せぬ波及効果により諸問題が発生している。たとえば、生物多様性に関わる問題は、温暖化の問題よりもずっと因果が複雑である。そもそも、多種多様な生物がなぜ共存できているかについての一般的な答えは見つかっていない。因果をひもとくことは、歴史を顧みることにほかならない。学校で習う日本史や世界史は、長大な時間スケールでのできごとの羅列で、記憶科目とみなす人が多いかもしれないが、歴史学は、本来が社会の変遷についての因果の探求である。私たちがいまこの時、ここで生きていること、社会生活を営んでいることのルーツを探るという純粋な興味もあるが、歴史には未来を考えるうえで役立つ教訓がたくさん詰まっている。もちろん、因果関係を探求する時間スケールは任意である。何を知りたいか、どんな問題の解決を考えたいかで、対象とする時間スケールは変わってくるはずだ。

この本では、おもに日本の里山を舞台に「人－自然－生物」のあいだで繰り広げられてきた相互依存的な関係が、いかにして生じ、どんな問題を引き起こしたかを分析する。相互依存的な関係は、長大な時間スケールで形成されたものに、ここ数十年で起きた新たな相互関係が上乗せされていると解釈できる。本書では、この重層的な視点に立ち、転換点を迎えた人と自然の付き合い方を模索していく。

第1章は、生物としての「ヒト」から社会を創り環境を変える「人」への変貌を、自然との関わりに焦点を当てて概観する。この章は、先人たちの発見や考え方を体系的にまとめた歴史書としての役割を果たしているが、最近の新たな発見も交えている。第2章と3章では、私自身がここ数十年のあいだに取り組んできた研究をベースに、景観と生物、人間活動の相互作用について深掘りした自分史の類である。生物同士の関わり合い、生息地のネットワーク、それらと人との相互関係について、さまざまな事例を紹介する。とくに注力したのは、本書のタイトルにもなっているソバとシジミチョウ（第3章）の話である。このいっけん何の関わりもなさそうなものが、なぜタイトルで並んでいるのか、それは読んでのお楽しみである。

最後の第4章では、まずSDGsの根幹をなす「持続的発展」の理念を自分なりに分析する。ここでは「開発」と「発展」は似て非なるものであることを強調し、それをヒントに失われつつある人と自然の絆の復権を提唱する。私たち個人ができる小さな持続性からまず始めること、それは「脱自然からの脱出」であることを読み解いていただけるだろう。

内容の一部は上梓した専門書と重複する部分もあるが、多くが本書のために書き下ろされている。筆者の専門である生態学についての研究成果がベースにあるが、人と自然の関係を歴史的視点からとらえるために社会学との接点も大幅に取り入れた。また、私がナチュラリストとして生きてきた証である幼少期の思い出も随所に盛り込んでいる。脱線と感じた読者は、軽く流していただいて構わない。

本書は高校生でも読める一般書であり、専門知識がなくても理解できるよう平易さに配慮した。だが研究内容の部分では正確を期したため、やや説明調な箇所があるかもしれない。さらに、全体をとおして一八〇種以上の生物名が登場するが、生き物好きの筆者に免じてご容赦いただきたい。

まずは、歴史と地理、生物を混合した世界（第1章）へ突入しよう。

第1章　人と自然の歴史

――生物としての「ヒト」から社会を創る「人」へ

「自分とは」の問から始めよう

だれもが知っているように、私たち人類には明らかで動かしがたい共通項がある。それは、すべて生物としてのヒト（*Homo sapiens*）に属している点である。日常生活で生物としてのヒトを自覚することはないかもしれないが、ヒト以外のどの生物とも結婚したり子どもを残したりしないことは紛れもない事実であり、生物としてのヒトの同一性の証拠である。

この本の読者の多くは、日本人という民族的な共通項をもっているだろう。ただ日本人は生物学的に独自な存在とまでは言えない。古くから日本に住みついていた縄文系の民族と、弥生時代以降に大陸から渡来した民族が交じり合い、いまの日本人が形成されたことは遺伝子からも分かっている。なので、日本人は日本列島に住む「ヒト」としか定義できないことになる。国際結婚が盛んになった近年では、その傾向はますます強まっているはずだ。

だが、社会的に見ると日本人はかなり特異な存在といえる。独自の共通言語をもち、独自の歴史と文化をもつ島国の民族としての一体性を有している。四季の移ろいをめでる風習や、各地に残る稲作を中心とした祭事はその象徴である。

百年近く前になるが、哲学者の和辻哲郎は著書『風土』の中で、日本人の忍耐強い気質は、夏の高温多湿、それに起因する農作業における雑草との戦いにあって形成されてきたと考えている。ここだけを引くとかなり強引な論考と思わなくはないが、一定の説得力はある。たとえば最近では、日本の伝統食である和食がユネスコの無形文化遺産に登録された。私たちが、日々何気なく食べている食事が世界的な文化財であることは、まぎれもなく文化の独自性の証拠である。

「自分はいまなぜここにあるのか」を問うとき、私たちは生物種としての「ヒト」から文明社会を築いた「人」への歩みをひもとく必要がある。そこで、まずその根源ともいうべき祖先のたどった道を考えることから始めよう。

ヒトという生物の一種

すべての生物が単一起源による

ホモ・サピエンスは学名で、ホモは属名（ヒト属）、サピエンスは種名である。ラテン語でホモは人間、サピエンスは知恵のある、という意味らしい。ヒトは「知恵のある人間」ということだ。生物の命名は、二名法と呼ばれる属名と種名の組合せが使われている。氏名の表記とよく似ている。ホモ・サピエンスは学名であり世界共通用語だが、日本語名（和名という）ではヒトである。カタカナで書くのは、生物学的な種名であることを強調するために考案されたルールである。

属の上にもいくつかの階層があり、科の上に目、目の上に綱がある。私たちヒトは、ヒト属、ヒト科、霊長目（サル目）、哺乳綱（一般には哺乳類）に属している。

じつは、この世で知られているすべての生物には学名が与えられている。よく「名もなき生き物たち」という表現が使われるが、それは単に名を知らないというだけである。本当に名が付けられていない生き物であれば、それは新種である。一般人が新種を見つける可能性は限りなく低い。

大腸菌は *Escherichia coli*、マツタケは *Tricholoma matsutake*、チンパンジーは *Pan troglodytes* である。ペットで身近なイヌやネコは、種としてはそれぞれオオカミ（*Canis lupus*）やヨーロッパヤマネコ（*Felis silvestris*）と同じであるが、家畜化されて姿かたちが大きく変わっているので、それぞれの亜種として記載されている。イヌは *Canis lupus familiaris*、ネコは *Felis silvestris catus* と、副題のような亜種名がついている。

これらすべての生物は、数十億年前の地球上で誕生した生物の共通祖先を起源としているとされている。生物の共通性は、高校の生物の授業で習う。遺伝子DNAで自己複製することや、体が細胞から構成されていることなどである。とくに、DNAを構成する塩基と呼ばれる物質があらゆる生物で共通していることは、すべての生物が単一起源であることの強い証拠とされる。

ネアンデルタール人とデニソワ人と…

子どもの頃、ヒトは昔サルだったことを聞かされて衝撃を覚えたことがある。何が衝撃かと言えば、「昔」が侍の時代より少し前くらいに思えたからである。もちろんそれは間違いで、昭和の時代によく使われた「原始時代」よりもさらに昔である。また、類人猿を「ご先祖様」と呼ぶ冗談とも本気ともとれるテレビ番組もあった。

もちろん、ヒトはニホンザルやチンパンジーから直接進化したわけではない。ヒトとチンパンジーは、もとをたどれば同じ祖先に行きつくが、二つのグループが別になったのは七〇〇万年以上も昔のことである。その後、それぞれ独自の進化を遂げ、別種になった。むろん、ご先祖様は現代のヒトともチンパンジーとも違う生物種であり、それゆえチンパンジーがヒトの祖先などということはない。

生物としてのヒトが誕生したのは、およそ二〇万年前のアフリカ大陸とされている。広いアフリカ大陸のどこかは定かではないが、エチオピアあたりが起源という説が有力であるが、まだ確定的ではない。その後、七万年前あたりになるとヒトはアフリカから世界各地に分布域を広げ始めた。当時、すでにユーラシア大陸から東南アジアには、先客として別の種のヒト属が少なくとも三種いたことが分かっている。有名なネアンデルタール人に加え、デニソワ人とフローレス原人である［図1―1］。

デニソワ人はネアンデルタール人に近い種で、発見されたのは二〇一〇年とごく最近である。興味深いことに、ネアンデルタール人やデニソワ人の祖先も、アフリカで誕生し、その後ユーラシア大陸に住み着くことで、それぞれの種になったと考えられている。アフリカは、人類の宝庫だったことが分かる。

昔の中学校の社会科の教科書では、ネアンデルタール人は旧人とされ、ヒト(新人)はそれから進化したとされていた。つまり、存在していた年代が異なると習ったが、それは誤りである。いまのヒトとチンパンジーの関係のように、両者には直接の祖先や子孫の関係はない。

大変興味深いことに、骨に残されたDNAの分析から、ヒトはネアンデルタール人やデニソワ人と交配し、子孫も残していたことがわかっている。日本人にも数パーセントだけだがネアンデルタール人の遺伝子が残っているという。いっぽう、アフリカ人はネアンデルタール人の遺伝子の割合が少ない。ヒトはアフリカから出てネアンデルタール人と交配したが、ネアンデルタール人はアフリカへ渡ってはいなかったためであろう。数万年前になると、地球上にはヒトだけがいるようになった。ネアンデルタール人やデニソワ人は、ヒトとの生存競争に敗れたためかもしれない。

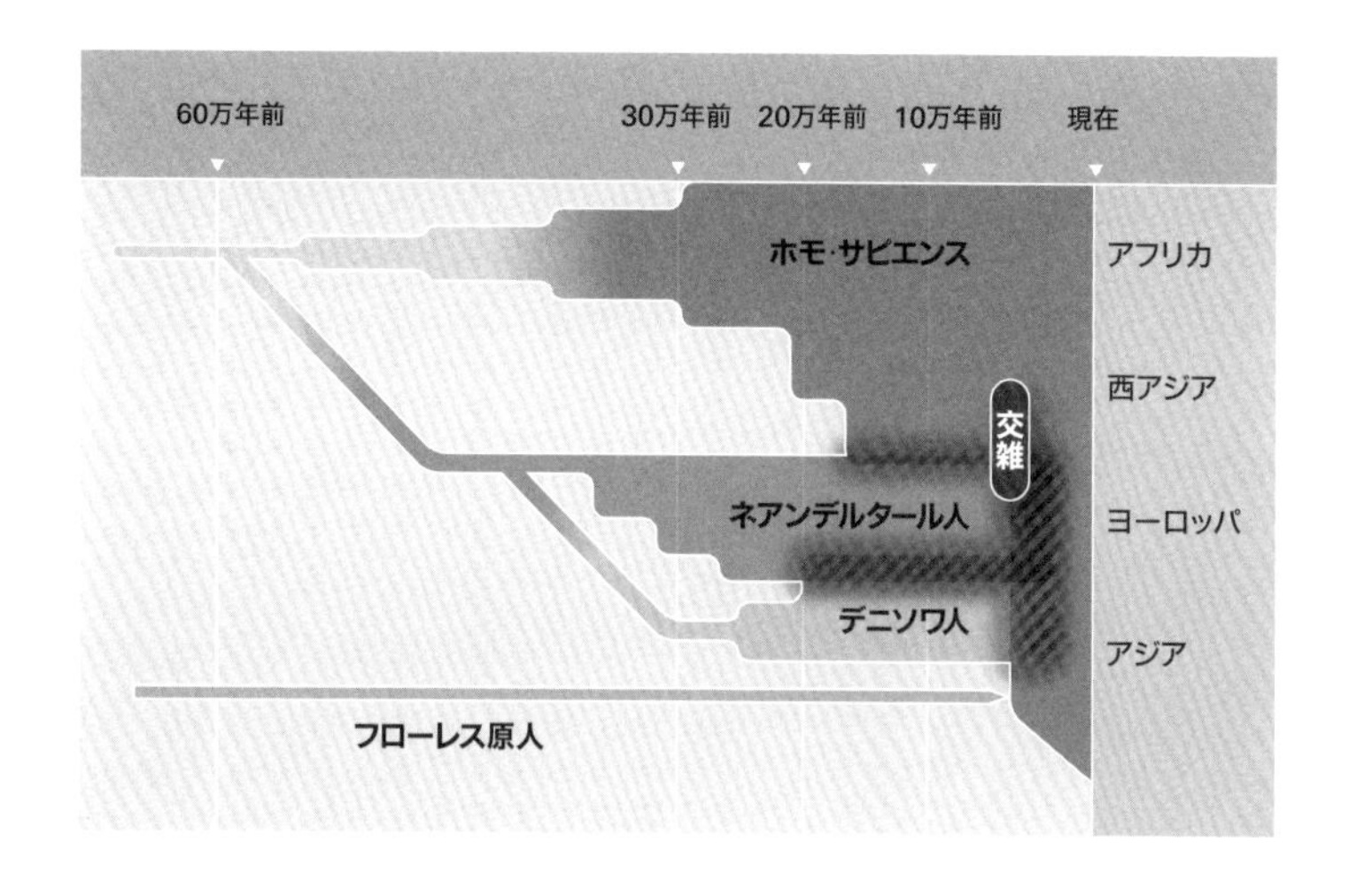

［図1−1］▶過去60万年のヒト属の進化の過程と地域的な分布の変遷

フローレス原人はそれ以前に分岐していた。私たちの祖先は、ネアンデルタール人、デニソワ人、フローレス原人の3種のヒト属と共存していたと考えられる。　図：門脇誠二（2023）を改変

フローレス原人の発見

もう一つ、ヒトと同じ時期に生きていたヒト属の生物は、インドネシアのフローレス島で発見されたフローレス原人（*Homo floresiensis*）〔写真1−2〕である。名のとおりの原人の仲間で、ジャワ原人の末裔と考えられている。原人は昔、ピテカントロプスと呼ばれ、ヒト属（ホモ）とは別の属とされていた。昭和末期には「さよなら人類」という歌が流行って、歌詞の中にピテカントロプスが出ていたのを記憶されている読者もいるだろう。だがいまは原人もヒト属に組み込まれ、ピテカントロプスは死語になった。

教科書では昔、猿人→原人→旧人→新人という直線的な流れで教えられた。猿人はアウストラロピテクス、原人はジャワ原人や北京原人、旧人はネアンデルタール人、新人はクロマニオン人（ホモ・サピエンス）である。ところが、いまではネアンデルタール人とホモ・サピエンスが同時代にいたのはもちろん、原人の一種までもが五万年ほど前まで生存していたことがわかっている。ホモ・サピエンスの二〇万年の歴史からすれば、むしろ共存した期間のほうがはるかに長いことになる。

私は二〇〇四年の科学誌「ネイチャー」で、フローレス原人の発見を読んだときの驚愕をいまだに忘れられない。身長は一メートル程度、脳容積はグレープフルーツサイズという触れ込みだった。一時は、低身長症や小頭症などの疾患が疑われたが、手首の構造などからホモ・サ

©Rosino, Wikipedia, 2007

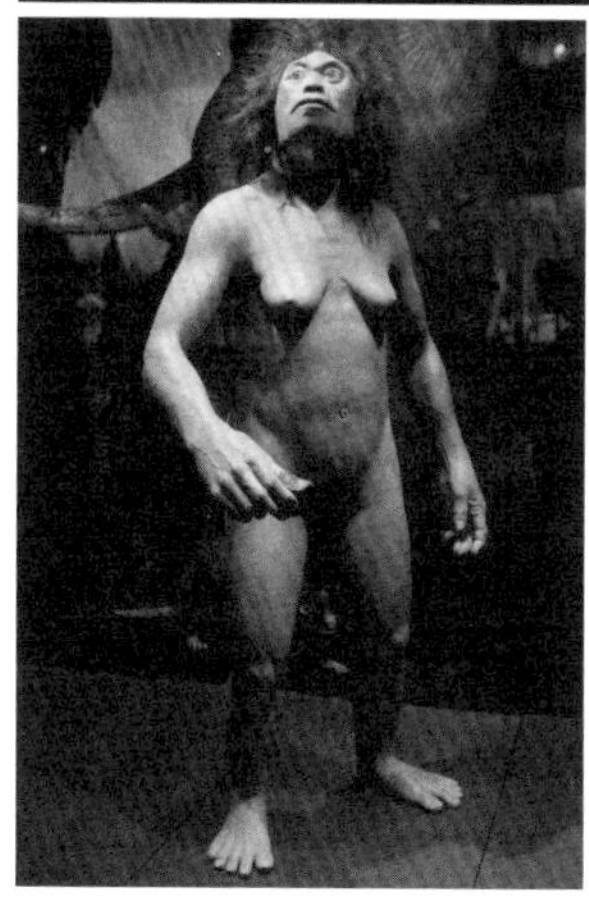

［写真1−2］▶下：フローレス原人「ホビット〈ホモ・フロレシエンシス〉」のレプリカ
2004年、インドネシアのフローレス島でヒトの骨が発見された。身長1m足らずで、脳の大きさは現代人の1/3という小さな原人の骨であると発表。フローレス原人は、わずか数万年前まで私たちの祖先であるホモ・サピエンス（現生人類）と共存していたとされる。　画像提供：国立科学博物館
上は、ホモ・フローレシエンシスの骨が発見された洞穴。

ピエンスとは明らかに異なり、初期人類のものであると判定された。島に棲む動物が小型化することはよく知られているので、それ自体は驚くことではない。だが原人がサピエンスと同時代まで生きながらえていたことは、当時の常識を覆すに十分だった。

興味深いのは、フローレス原人が絶滅した時期が、ヒトがこの島へ侵入した年代とほぼ一致することである。地球上では二種のヒト属の生物は長く共存していたが、フローレス島では共存した期間はほぼなかったことになる。それが偶然の時期の一致か、それともサピエンスによる駆逐が原因かはいまだに分かっていない。

私たちヒトは、いまでこそ地球上で唯一の人類であるが、数万年前までは少なくとも他に三種の人類（ヒト属の生物）と共存していたのである。ヒトは生物の一種であることは理屈ではわかっていても、ゴリラやチンパンジーとは明らかに違う。創造説を信じていなくても、人と他の生物のあいだに大きなギャップを抱いているのは自然である。だが、地球や生物の進化の歴史からすればほんのつい最近まで、交配して子孫を残すことができ、コミュニケーションさえも可能だったかもしれない別の人類と共存していたのである。これは衝撃ではないだろうか。

現代文明を築き、地球上でひとり勝ちして特別な存在となった私たちも、ホモ・サピエンスという生物の一種にすぎない。そうした謙虚な思いが、地球環境の持続性のベースになるに違いないが、それは本書の最後の章で詳しく述べることにする。

氷期のヒト、自然、メガファウナ

地軸の傾きのもとで

ヒトとして誕生した生物は、いまから一万年前には極地を除く地球上のあらゆる場所に勢力を伸ばした。微生物を除けば、生物の歴史上、類を見ない分布の拡大である。日本列島に渡来した時期は諸説あるが、約三、四万年前らしい。大陸からの渡来の経路は、北海道、対馬、沖縄の三ルートが考えられている。

自然の中で動物の狩猟や植物の採取で生活をしていたヒトは、やがて集落や社会を形成し、自然環境を改変する人へと発展していく。もちろん、生物学的にヒトから人へ変化したわけではなく、私たちが日常的に使っている意味での社会を形成する人への変化である。英語で「ヒトはhuman」だが、「人はpeople」に該当する。自然科学としてのヒトの歴史から、社会科学としての人の歴史への移行と言い換えることもできる。日本では、旧石器時代、縄文時代、そして弥生時代への流れが人の社会の形成期にあたる。この時代の変遷には、前半は自然環境の大きな変化、後半は人間社会の中で起きた大きな変化がそれぞれ関わっている。

まず自然環境の激変から見ていこう。日本に人が渡来した数万年前は、いわゆる氷河期である。気温は現在より平均で摂氏七度も低く、東京がいまのシベリアのような気候だった。地球の環境は、それより過去にも非常に長い周期で氷期と間氷期が何度も繰り返されてきた。私たちになじみ深い氷河期は、もっとも最近の氷期のことで、約七万年前から始まり、一万五〇〇〇年ほど前で終わったとされている。周期的な気候変動は、地球の地軸の傾きや、地球が太陽の周りを回る軌道（公転軌道という）が周期的に変化することが影響しているらしい。

皆さんは地球儀の地軸が傾いているのをご存じだろう。公転軌道に対して二三・四度傾いていることは中学校の理科でも習ったはずだ。だがその角度はつねに一定ではなく、長期間で徐々に変化している。最終氷期からの温暖化は、地軸の変化（首振り運動という）の幅が、二万六〇〇〇年の周期で変動しているからである。氷期には地軸の変動幅が小さく、平均していまより垂直に近かった。そのため北半球では地表に降り注ぐ太陽エネルギーが現在より少なく、寒かったのである。

また、地球は一年かけて太陽のまわりを一周することも習っただろう。これを公転という。公転の過程で、地軸が太陽の方向に傾いている時には北半球は夏、反対側を向いていれば冬になる。だが、太陽に対する地軸の向き（地球の〝姿勢〟）は一定ではなく、非常に長い時間をかけて徐々に変化している［図1−3］。最終氷期のもっとも寒かった時代には、地球が太陽に近づく時期に、地軸が太陽と反対方向に傾いていた。つまり、北半球は冬だったのである。

その後、地軸の方向がしだいに太陽に対して垂直に変わり、さらに時を経ると地軸は太陽の

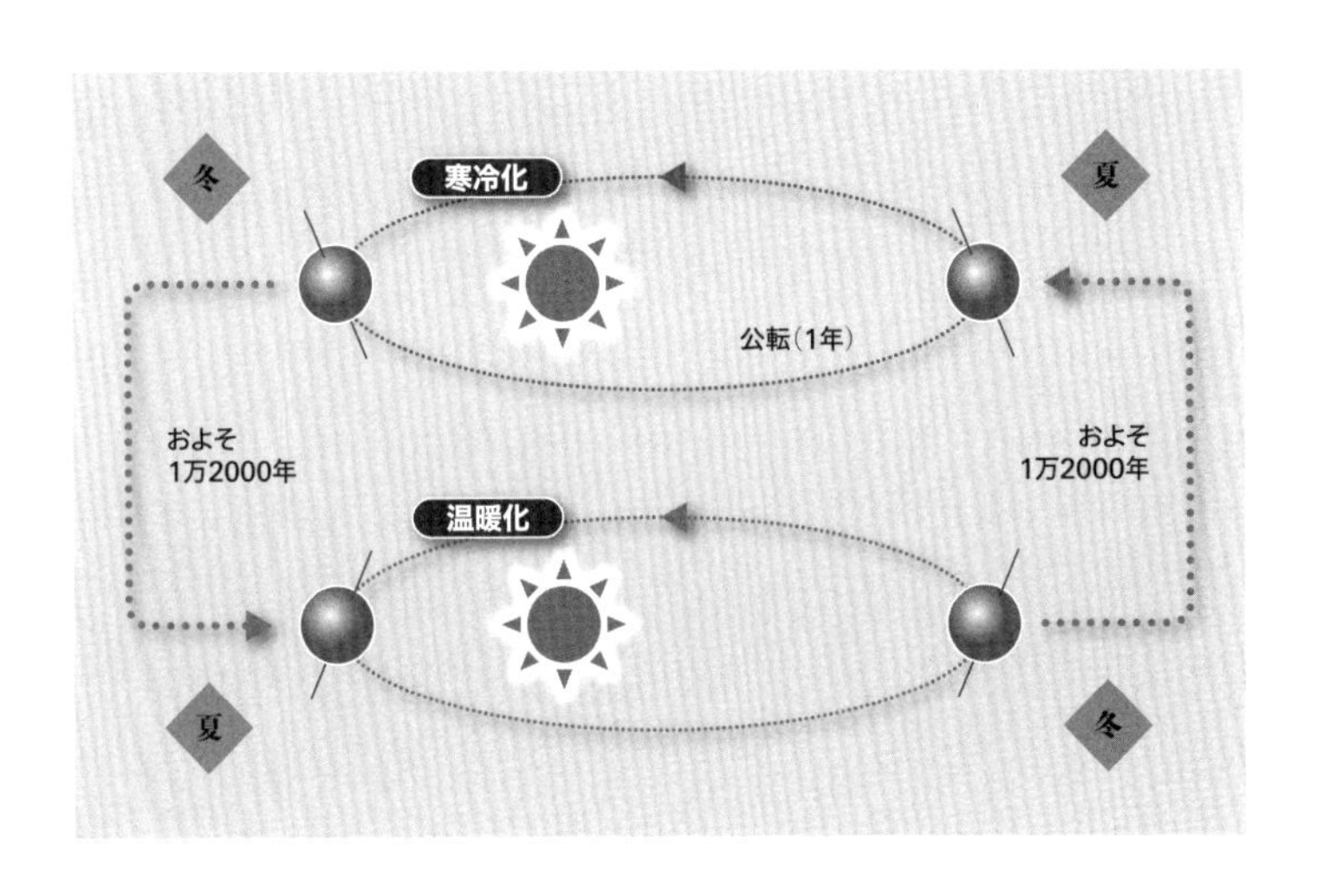

[図1−3]▶**太陽に対する地球の地軸の傾き**
およそ1万2000年で、地軸の太陽に対する傾きが反対になる。北半球の夏に太陽に近いと温暖期で、その逆は寒冷期（氷期）になる。地球の自転軸は公転面に対して約23.4度傾いている。だが、この地球の姿勢は一定ではない。　図：中川毅（2017）を改変

方を向くようになり、太陽に近づくタイミングで北半球は夏になった。年間の地表面の温度は、夏に入射する太陽エネルギーの量から強く影響を受ける。地球と太陽の位置関係がこうしてダイナミックに変化することで、気温が低い最終氷期から、温暖な縄文期へと移行したのである。

大型草食動物の生息

氷河期にはマンモスなどの巨大哺乳類がいたことがよく知られている。マンモスには何種類もいるが、だれもが知っているのは長毛のケナガマンモスだろう。マンモスという用語は、「マンモス団地」のように大きさのシンボルに使われてきたが、最近では「マンモスかわいい」のように大きさの程度を示す形容詞でも使われている。だが、意外にもケナガマンモスのサイズはアジアゾウほどで、アフリカゾウよりもやや小さかった。ゾウの仲間では中型種である。おそらく現生のゾウよりも長く立派な牙が、体格の大きさを連想させたのだろう。

いっぽう、北米にいたコロンビアマンモスは文字どおりマンモス級で、体重は一〇トン以上、つまりアフリカゾウの二倍近くあったらしい。中国で一九八〇年に骨が見つかったアジアステップマンモス（松花江マンモス）［写真1－4］に至っては、体重は二〇トン近く、体高は五メートルもあったとされる。これは三〇〇〇万年ほど前に生きていたパラケラテリウムという巨大なサイの祖先と並んで、史上最大の哺乳類とされている。ティラノサウルスは巨大な肉食恐竜とし

[写真1-4]▶松花江マンモス

中国の内蒙古自治区から産出した、世界最大級のステップマンモスの骨格化石のレプリカ。体長9.1m、高さ5.3m　画像提供:ミュージアムパーク茨城県自然博物館

てあまりに有名だが、体重はアフリカゾウ並みの六トンほどだったことを考えると、大型のマンモスの巨大さがうかがえる。

氷河期の北半球には、マンモス・ステップと呼ばれる広大な草原が広がっており、マンモスのほかにもケブカサイやバイソン、オオツノジカなど、体重が一トンを超えるメガファウナ（巨大動物類）と呼ばれる大型草食動物が生息していた。いまでは想像もできない光景が広がっていたに違いない。ではなぜ気温が低い時代にメガファウナを支える広大な草原が存続しえたのだろうか。有力な説として、草食動物が植物を食べ、大量に糞尿を排泄し、遺骸を供給することで草原が維持されていたからだという考えがある。これは経済で話題になるストックとフローの関係で考えると分かりやすい。

日本の景気低迷は、巨大な資本蓄積が消費や投資に使われず、市場にお金が回らないことが主たる原因とされている。逆に言えば、経済の好循環は、消費でお金が社会を回ることでもたらされる。これを生態系に見立てると、巨大な消費者であるメガファウナが植物を大量に消費し、排泄することで、生態系内での窒素やリンなどの物質のフローが促進され、結果的に植物の生産性が維持されるという仕組みである。消費者の排泄や遺体の供給により土壌を肥沃にし、自身の棲み家である広大な草原、マンモス・ステップを維持していたのである。

残念ながら、いまのユーラシア大陸北部や北米では、メガファウナはほとんどが絶滅した。

その影響で土壌中の養分量が歴史上もっとも乏しくなっているという報告もあるほどだ。養分フローが盛んな草原（マンモス・ステップ）が消え、養分が灌木などに貯蓄（ストック）されたツンドラに変貌したのである。人間社会の比喩で言えば、好景気に沸く活気ある社会が、不景気で金が回らない閉塞した社会へと変化したと言えよう。

何がマンモスたちを絶滅させたのか

ではメガファウナはなぜ絶滅したのだろうか。その原因には、二つの有力な説がある。一つは気候変動、いま一つは人による過度な狩猟である。前者は最終氷期の後に温暖化が進み、草原は泥炭地に変わり、メガファウナも絶滅したという説である。気温が上がれば植物も増えて動物も増えると考えがちだが、極地のような寒い環境では話はそう単純ではなく、むしろ逆のことが起こるのだろう。最近、温暖化で海水温が上がり、蒸発する水蒸気が増え、降雪量が増えているという報告がある。積雪が増えれば、メガファウナの餌となる草本類は雪の下に埋まってしまい、厳しい冬を絶えしのぐことも難しくなったのかもしれない。

人による狩猟説は、北米やオーストラリアで有力視されている。北米でのメガファウナの絶滅の多くは、北米大陸へ人が侵入した一万五〇〇〇年前の時期に集中しているからだ。だが、その直接証拠は乏しく、いまだに推測の域をでない。もちろん、二つのどちらかだけが正しいとは限らない。気候変動と人による狩猟の複合的影響がとどめを刺したのかもしれない。

アフリカのサバンナには、いまでもかなりの種のメガファウナが残っている。アフリカゾウ、シロサイ、キリン、カバなどで、どれも体重は二トン以上ある。ライオンやアフリカスイギュウ、大型のレイヨウも含めれば、さらに多様性は高い。

ユーラシアやアメリカでは絶滅したのに、なぜアフリカで残ったのか。アフリカが未開の地だったから、というのは説明にならない。メガファウナの絶滅は、文明の発展よりはるか昔の出来事である。もっとも有力な説は、アフリカでは過去数十万年にわたり、ヒト属と野生動物が相まみえてきたため、両者が共存するすべを身に着けてきたからというものである。これは島で起きている「外来種問題」とも共通している。島は外来種の侵入に対して脆弱な生態系である。たとえば、ネコやマングースなどの外来の捕食者が侵入すると、天敵がいない島で悠長に暮らしてきた鳥や小哺乳類は、簡単に捕食され、滅んでしまった事例も少なくない。

共存の歴史が古ければ、捕食される側、あるいは狩猟される側も、対抗手段を身につけているはずだ。新大陸に侵入したヒトは、ある意味外来種である。長い年月をかけて徐々に形成された関係ではなく、突如として現れたヒトに対して、新大陸のメガファウナは適応しきれなかったのかもしれない。いっぽう、アフリカのメガファウナにとってヒトは古くからの顔なじみであり、距離の取り方を熟知していたのだろう。

縄文期の人と森、草原

生活道具に映る環境の変化

旧石器時代から縄文時代への移行は、最終氷期から間氷期への移行という地球環境の激変でもたらされた［図1－5］。一万五〇〇〇年ほど前から気温が上昇しはじめ、約六〇〇〇年前には気温はいまより数度高かったらしい。縄文海進と呼ばれる時代で、極地の氷が解け、海水面が上昇した時期でもある。関東地方では、利根川や荒川にそって数十キロも内陸に貝塚がみられるが、これは海が関東平野の中部まで広がっていた証拠である。

最終氷期に日本各地で広がっていた草原や疎林は、気温上昇に伴いその多くが消滅し、落葉広葉樹林や照葉樹林が広がった。じつは日本にもケナガマンモスが北海道に、そしてオオツノジカやナウマンゾウというメガファウナが本州に棲んでいた。これらは大量の草本植物を消費していたはずなので、それなりに広大な草原が日本列島にもあったことを裏付けている。日本ではこの時代の人口はまだ少なく、メガファウナを絶滅に追い込むほど狩猟圧が高かったとは考えられない。温暖化により、草原が森林に取って代わられたことが絶滅の原因だろう。

興味深いことに、人間が使っていた石器からもメガファウナの絶滅が想像できる。旧石器時代には、黒曜石などの硬い石を削って作った尖頭器と呼ばれる鋭利な石器が繁栄した。これを長い棒の先に括りつけて、ナウマンゾウやオオツノジカなどの巨大哺乳類を狩っていたようだ。漫画の原始人が手に持っている、あの槍である。だが、縄文期の遺跡から出土する石器は、石鏃（せきぞく）とよばれる小型のやじりが多い。メガファウナを仕留めるには、槍のような威力のある武器が必要だが、イノシシやシカ、ウサギなど小型で俊敏な動物には、弓矢のようにスピードがあり小回りの利く道具が適していたのであろう。道具だけからでも、当時の人の生活がいかに野生動物と関わりが深かったかがうかがえる。

氷期の終焉による草原的な環境から森林環境への変化は、食糧事情も大きく変えた。縄文中期には、東日本ではクリやコナラなどの落葉広葉樹林が広がり、西日本にはカシなどの照葉樹林が広がった。おおむね現在の日本の植生になったといえる。

クリ、コナラ、カシ類はブナ科に属し、堅い果実を大量に生産する。クリ以外の実はいわゆるドングリと呼ばれ、子どもにも人気がある。だが見た目と違い、ドングリはタンニンが多く、そのままでは渋くて食べられない。ドングリはクマやネズミなどの好物であるが、それでも食べ過ぎると中毒を起こし、死に至ることさえある。動物でもそうなのだから、人間ではなおさらだろう。ところが、煮炊きすればタンニンが分解され、食用になる。縄文式土器はドングリ

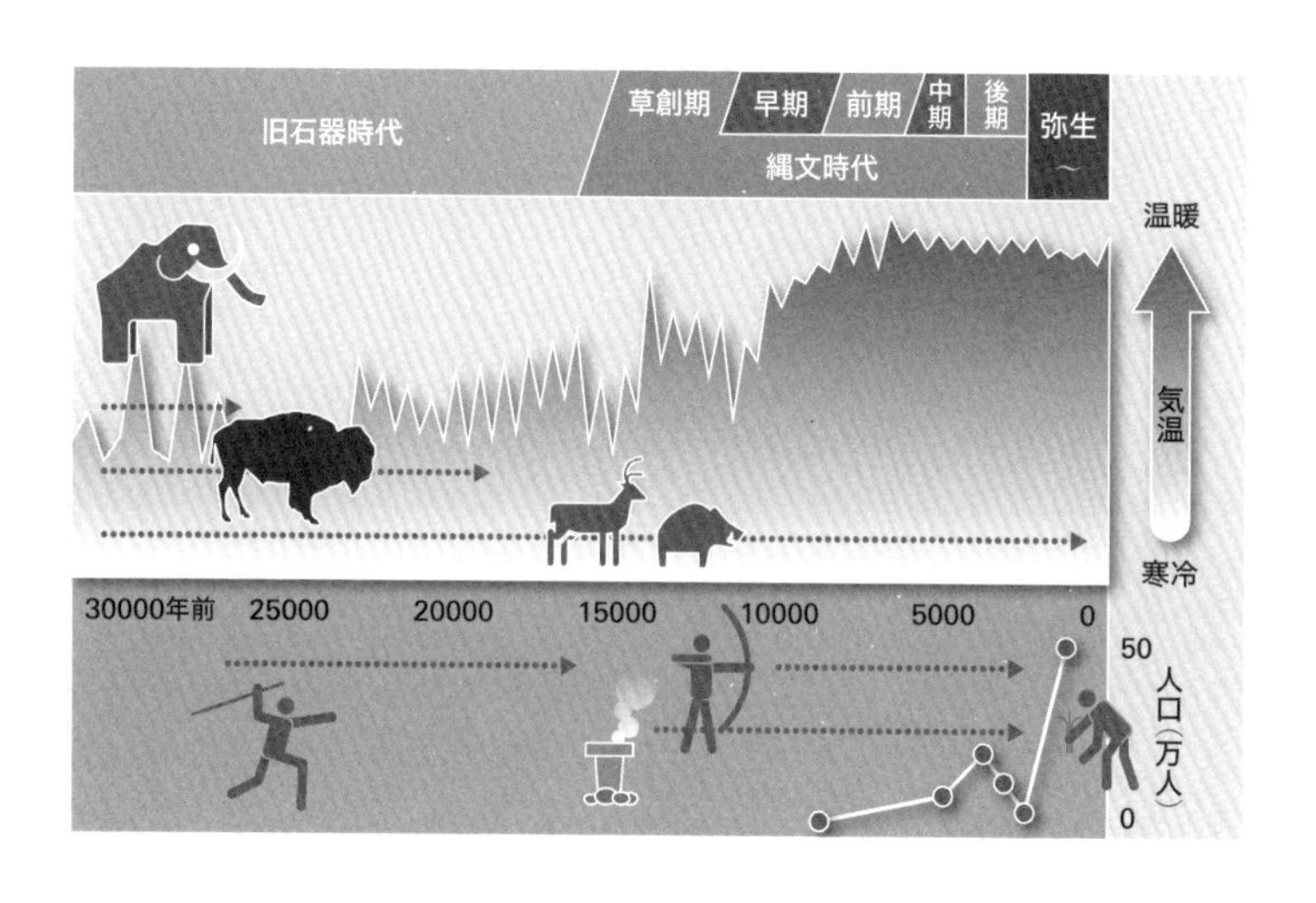

［図1−5］▶**考古学的な時代区分と自然環境（気温の指数、大型哺乳類）および人間社会（狩猟器具、土器の使用、稲作、日本の人口）の変遷**
旧石器時代から縄文海進の時代へ。かつて日本にもメガファウナが生息していた。　図：工藤雄一郎（2009）を改変

を茹でるために考案された調理器具であり、表面には黒いスス状の炭水化物がびっしりついていることもある。

縄文時代には動物中心から植物中心の食生活になったと考えられているが、それでも石鏃の使用からも分かるように、狩猟は重要だった。

一般にシカやイノシシは森の動物と思われるかもしれないが、じつはそうでもない。たとえば、シカは夕方になり人の気配がなくなると、道路や畑のまわりの草地に出てきて、盛んに草を食べている。日本に棲むシカはニホンジカという種であり、英語ではそのままsika deerと呼ばれる。ニホンジカは日本各地で食性(何を食べているか)の調査が行われているが、多くの地域でイネ科植物が過半数を占めている。イネ科の植物は森林よりも草原で圧倒的にバイオマスが多いので、ニホンジカは本来、草原を好む動物のようだ。

火山草原の豊かさを維持する火入れ

縄文時代は森林が発達し草原が減ったので、シカなどの動物にとっては必ずしも棲みやすい環境ではなかったはずだ。草原的環境が広大に残ったのは、富士山麓、浅間山麓、阿蘇山麓などの火山地帯である。火山の噴火による溶岩流は森を焼き尽くし、やがてそこには草原が成立する。これが火山草原である。草原から森林への遷移は、日本のような温暖で湿潤な気候下では

［図 1−6］▶上は歌川広重（1797−1858）の浮世絵に見る富士山の宝永火口
富士山の三大噴火の一つ、宝永大噴火が起きたのは江戸時代中期（1707 年）のこと。右は、その様子を描いた絵図「夜ルの景気」　静岡県沼津市／土屋博氏所蔵

ごく一般的である。だから、大規模草原が成立するのは、火山噴火が起きる高原や、大河川がしばしば氾濫する平野部などに限られる。

だが、火山の噴火は長期間にわたり続くわけではない。富士山を例にあげれば、直近の大規模な噴火は江戸中期の宝永年間だから、すでに三〇〇年以上たっている。江戸時代の浮世絵にはしばしば富士山が描かれていて、山頂から煙が立ち上っている絵もあれば、宝永火口を描いた浮世絵もある［図1−6］。小規模噴火は頻繁に起きていたようだが、草原ができるような大規模な噴火は宝永の噴火以外はなかった。それ以前の大噴火は、平安時代初期の貞観（じょうがん）年間まで遡る。貞観といえば、東日本大震災の前に東北で起きた貞観大地震（八六九年七月九日）の時代である。さらにその前は、山の東側が崩落し、御殿場あたりに火砕流が大量に押し寄せた二三〇〇年も前になるらしい。これは弥生時代である。つまり、富士山を例にとれば、大草原を形成する場を作りだす規模の噴火は、千年に一回だけしか起こらなかったことになる。

日本は温暖で降水量が多いアジアモンスーン気候下にあるので、草原をそのまま放置すれば数十年で森林になる。富士山にかぎらず、日本の火山草原は、火山の噴火のみで自然のまま長期間にわたって維持されてきたとはとうてい考えられない。

日本の火山草原の土には大量の微粒炭と呼ばれるスス状の有機物が黒い土となって堆積し、そのなかにはイネ科植物に由来するプラントオパール（植物ケイ酸体）が大量に含まれていることがわかってきた。黒い土の起源を化学的に分析すると、数千年から一万年前の古いものであった。これは、大規模な火災が頻繁に起きていたことを示している。日本は降水量が多いので、北米やオーストラリアのような自然発火による野火が原因とは考えられない。人間が意図的に草原に火入れをしていたことは疑いようがない。

ではなぜ人は野に火を放ったのだろうか。考えられるのは、やはり食料の入手である。まだ農業が発達する前の時代なので、狩猟のためと考えるのが自然である。すでに述べたとおり、シカやイノシシなどの動物は、本来、草原的な開放環境を好む。また、狩猟自体も森林よりも見通しがよい草原のほうが効率的に行える。オーストラリアの原住民であるアボリジニは、いまでも狩猟のために火入れを行う習慣があるという。カンガルーなどの草食獣の数を維持し、狩猟を容易に行うためと考えられている。

自然にできた草原をそのまま維持することと、森林を開拓して新たに草原を造成することのどちらが容易かは、論ずるまでもない。さらに火山由来の土壌には、地球内部から噴出した溶岩に由来するケイ素やマグネシウムなど、植物の栄養素となる元素が多量に含まれている。とくにケイ素は、イネ科植物の硬い茎をつくるのに必須なケイ酸のもとになっている。ケイ酸は植物体を乾燥から護る役割や、太陽光を効率よく吸収し、光合成の能力を高める役割もあることが分かってきた。イネ科草本が繁栄したのは、恐竜が絶滅した後の新生代になってからだが、おそらくケイ酸を大量に取り込むという、新しいイノベーションがそれを可能にしたのだろう。ケイ素が豊かな火山跡地はイネ科草本にとって楽園のようなものである。

縄文人は、広大な火山草原に長期間にわたって火入れを行い、草原環境を保つことで、動物質の食糧を安定的に確保してきたのだろう。本来なら数十年で森林に移行するはずの噴火後の草原が、数千年ものあいだ維持されてきたのは、人間の生きる知恵だった。人が自然から恩恵を受けつつ、自然を都合のよい形に改変してきた一つの好例である。

火山草原と人間の強い関係は、縄文時代の遺跡の分布からも推察される。日本列島での黒土（黒ボク土という）の分布〔図1-7〕は、縄文時代の遺跡が多く見つかる場所とおおむね一致している。東北、関東南部、長野県、熊本などである。稲作が発展した弥生時代以降は、平野部を中心に集落が形成されたのとは対照的である。弥生以降も、黒土が広がる草原的環境は維持されてきたが、その用途は変化したようである。古墳時代から中世、近世にかけて、黒土の草原は牧（まき）と呼ばれる馬の生産地として利用されてきた。当時はむろん機械はないので、輸送や農作業、戦闘には馬が用いられた。良質で豊富な草を育む草原は、馬という貴重な働き手を養う場所だったのである。

馬は戦（いくさ）に欠くことができない武器でもあった。いまの戦車の役割をしていたのは、ドラマや映画でもお馴染みである。古代に関東や東北で地方の武士による反乱がたびたび起きたことや、

［図1−7］▶日本列島における黒ボク土の分布状況
提供：農研機構 農業環境研究部門

戦国時代に山梨と長野を中心に武田家が強大な武力を誇ったのは、この地域に軍馬を育成できる広大な黒土の草原があったからである。こうした草原は日本の近代化が始まる明治初期まで受け継がれることになる。

稲作がもたらした自然と社会

定住性の農業の始まり

世界の三大穀物は、小麦、米、トウモロコシである。日本では米の消費量が六〇年前の半分以下に減ってしまい、コメ余りや食糧安全保障の問題にもなりつつあるが、それでも他国に比べれば主食の地位は保たれている。小麦はパンやうどんとして日本人にもなじみ深い。トウモロコシは日本人の主食ではないが、ビールの副原料としてなど身近な食物に使われている。

米は日本の近隣諸国で生産量が多く、その約九割が中国、インド、東南アジア諸国で占められている［図1－8］。興味深いことに、世界の人口分布とコメの生産量の分布はかなり一致している。米がなぜ世界の人口の支配的な役割をしているかは後で詳しく述べるが、ここでは、まず稲作がいかに日本の古代から近世の社会を築き、日本の生態系を改変してきたかを見ていこう。

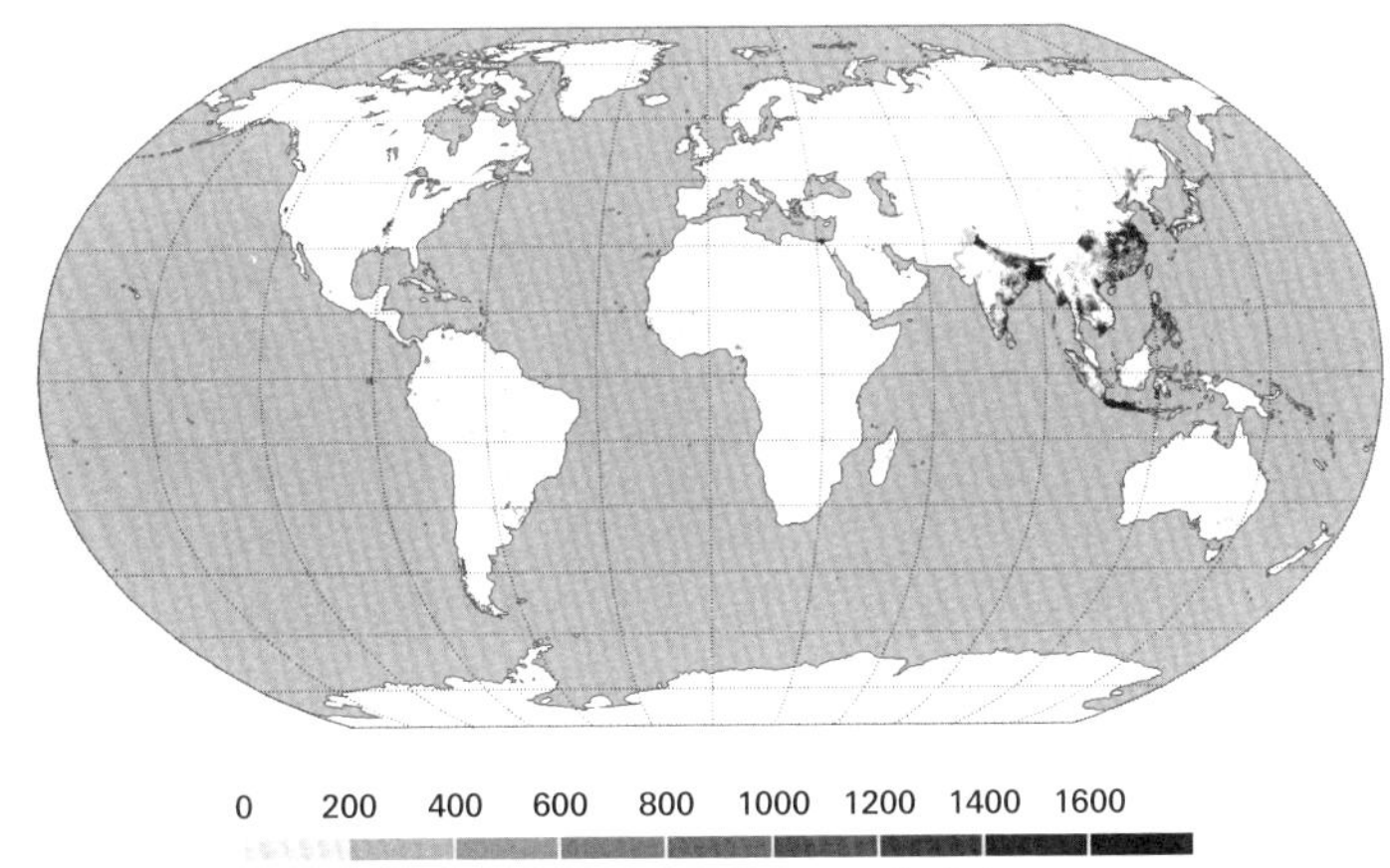

	コメの生産量の分布[多い順/2014-15調べ]	人口の多い国[多い順/2020]
1	中国	中国
2	インド	インド
3	インドネシア	アメリカ合衆国
4	バングラディシュ	インドネシア
5	ベトナム	パキスタン
6	タイ	ブラジル
7	ミャンマー	ナイジェリア
8	フィリピン	バングラディシュ
9	ブラジル	ロシア
10	日本	メキシコ
11		日本

[図1-8]▶上は世界のコメの生産量(2000年)Wikipedia「米」より
コメの生産量の多い国々は、コメの消費量の多さとほぼ一致している。人口の多い国についても同様のことが言える。

稲作の起源は、一万年ほど前の中国長江（揚子江）流域と考えられている。この時代の遺跡から、野生の籾殻とは違う現在のものとよく似た丸みを帯びた籾殻が見つかっているためである。すでにこの時期にイネが品種改良されたことの証拠であり、栽培の始まりを意味している。だが、本格的な水田の跡は七、八〇〇〇年前の遺跡から、そして用水路などの灌漑施設が整った水田は、いまから五〇〇〇年ほど前に現れた。

日本に稲作が伝わったのは、それより数千年の後になる。以前は二三〇〇年前とされ、その時期が縄文時代と弥生時代の区分けに使われてきた。だが最近になって、三〇〇〇年近く前の佐賀県の遺跡から水田の跡が発見された。そのため、弥生時代の始まりはいまから三〇〇〇年ほど前という意見が主流になっている。日本に伝来した経路は北方の朝鮮半島経由、南方の琉球列島経由、そして中国長江からの直接経路の三つが挙げられていたが、最近では農機具の形状などから朝鮮半島経由で九州北部へ伝わったという説が有力らしい。

稲作の伝来は定住性の農業の始まりであり、現代に通じる社会の形成の原動力となったのは間違いない。それは人口の急増をもたらし、縄文末期の人口はわずか八万人ほどだったが、紀元前後には六〇万人を超え、奈良時代には七〇〇万人にも達した。一五〇〇年余りで百倍近く人口が増えた勘定になる。人口増加を支えたのは水田の全国への普及、つまり食糧増産にほかならない。稲作の伝来から古代までを、日本社会や人口の第一の発展期と呼ぶことができる。

だが、その後の室町時代の中期頃までは人口停滞の時代が続いたようだ。干ばつや風水害などの異常気象の頻発もあったが、水田開発が頭打ちになったことも理由である。水田稲作には水が必要なのは言うまでもない。平野部の河川の周辺は水の利用は容易だが、その反面、しばしば洪水に見舞われる。土木や治水技術が未発達だった古代から中世まで、平野部は居住環境としてはリスクが大きすぎた。また関東平野や新潟平野などでは、大小の河川がそこかしこにあり、広大な湿地が広がっていた。水田は水がなくては成り立たないが、常時水につかり深い泥に覆われた湿地も適さない。排水技術がない時代には、手が出せない場所だった。「泥沼」という表現がぴったりである。こうした事情から、中世までは、山裾や谷あいの湿地を利用して水田が造られたが、場所はおのずと限定され、新たな技術革新が起こるまで長い停滞が続いたと考えられる

ずっと古い時代になるが、『日本書紀』（七二〇年）では日本のことを、「豊葦原（とよあしはら）の瑞穂（みずほ）の国（くに）」と記している。広大なアシ原が広がり、イネが豊かに実る国という意味である。また『古事記』（七一二年）には、本州のことを「豊秋津洲（とよあきつしま）」と書かれている。あきつはトンボのことで、湿地が広がる本州には無数のトンボがいたからだろう。ともかく、このような広大な湿地は、ポテンシャルとしての水田開発の可能性を秘めてはいたが、実際に稲作に利用されたのはそのごく一部に過ぎなかった。

水田が近代日本の基礎をつくる

室町時代になると、台地や段丘上部の平坦で乾燥した場所に水路が引かれ始め、戦国から江戸時代になると大規模な堤防や排水路、そして河川の流路を変える土木事業が行われるようになった。

武田信玄が造ったとされる山梨県釜無(かまなし)川沿いの信玄堤はその有名な例である。これらの事業は長期間に及んだらしく、江戸時代初期に利根川を東京湾から銚子付近の太平洋に注ぎ込むよう流路を変えるのには、六〇年近い年月がかかった。大河川の氾濫原、三角州、干潟などがつぎつぎと開拓され、江戸中期には関東平野南部には広大な水田地帯が広がった。水田面積の広がりはコメの生産量の飛躍的向上をもたらし、享保年間には日本は三〇〇〇万もの人口を抱える国に膨れあがった［図1－9］。稲作の発展がもたらした第二の発展期であり、少なくとも人口の面からは、近代日本の基礎ができあがった時期である。

水田の多くは湿地を改変したものである。湿地に棲む生物の多くは、水田と化した広大な「人工湿地」にも引き続き棲んでいた。ラムサール条約という国際的な湿地保全に関する条約を耳にしたことのある読者もいるだろう。ここでの湿地の定義には水田も含まれている。

だが、米の生産を長期的に支えるには、大量の肥料が必要である。いまなら化学肥料がいくらでも入手できるが、当時はすべて身近にある資源に頼らざるを得なかった。そのおもな出ど

［図1-9］▶江戸を中心に関東平野の景色を描いた「江戸期水系鳥瞰図」
当時の資料をもとに描いた想像図。関東南部には水田の広がりが見て取れる。　画像提供：千葉県立関宿城博物館

ころは、山野である。

水田の肥料は、その発祥の頃から山野に生える植物を使っていた。草木の葉を直接水田に投入する緑肥、燃やして灰にして投入する灰肥、落ち葉などを腐らせた堆肥、牛馬の糞と稲藁を混ぜた厩肥などである。

驚くべきは、水田の地力を維持するために必要な山野の広さである。一八世紀の信州松本藩の文書によれば、ある面積の水田を維持するには、その十倍の面積の山野が必要だったらしい。これに加え、日常生活に必要な薪や炭を確保するために、水田面積の二倍程度の山野が必要だった。こうした広大な面積から草木が恒常的に採取されていたわけだから、当時は草山や柴山と呼ばれる明るい草原的な環境が広がっていたのだろう。

草山とは、ススキ、チガヤ、ササなどの草本類に覆われた山で、文字どおり草原化した山のことである。柴山はハギ、ツツジ、アカマツなどの灌木からなる山である。ちなみに、昔話に出てくる「おじいさんが山へ柴刈りに」の柴はこうした灌木のことで、現代のグラウンドやゴルフ場にある「芝」とは別物である。

当時は写真などないから、その景色を望むことはできない。だが、絵図は各地に残っていて、その面影をしのぶことができる。元禄時代に長野県伊那谷の全域を描写した長大な絵図［図1―10］は、その一つである。伊那谷は、諏訪湖に端を発し、静岡県の浜松で天竜川にそそぐ大

[図1−10]▶**元禄時代の長野県飯田市付近の風景を描いた絵図**
茶色の芝山(柴山)が広がり、森は奥山にしか見られない。　飯田市美術博物館所蔵

河川で形成された盆地である。谷と名がついているが、中央アルプスで隔たった西隣の木曽谷のような渓谷の雰囲気はまったくない。天竜川を中心に、東西約一〇キロメートルにわたって比較的平坦な河岸段丘が広がり、東は南アルプスの前衛である伊那山脈と、西は中央アルプスの山裾へとつながっている。

ある人は、伊那谷の風景を北海道のなだらかな丘陵地に似ているとさえたとえている。当時の絵図を見ると、段丘の平坦地には水田が広がり、段丘崖の斜面や山間部にはいたるところに草山や柴山が広がっている。黒い樹木の塊として描かれた森林は、標高が高く、アクセスしにくい場所に点々と残っているに過ぎない。記録によれば、山野の七割が草山か柴山だったらしい。現在の伊那谷を中央高速道路やJR飯田線から眺めれば、段丘崖や山間部はほぼすべて森林で覆われていて、当時の面影を微塵も感じることはできない。

江戸時代、「里山」の概念が生まれる

最終氷期に日本各地に広がっていた明るい草原的な環境は、縄文時代以降はおもに火山草原を中心に、一万年以上にわたって維持されてきたことはすでに述べた。だが、草原環境はそれだけにとどまらない。日本人が稲作を始め、水田開発を進めるにつれ、急激に広がったはずである。

氷期に大陸から侵入してきた草原性の生物たち、とくに可憐な花を咲かせる草本や蝶をはじめとする多種多様な昆虫類は、縄文期の温暖化により森林が増え、その生息域は火山性草原や、河川の氾濫原などに限られたに違いない。だが、中世以降の草山や柴山の急増で、全国各地に草原環境が広がり、それら生物の繁栄をもたらしたことだろう。水田稲作の普及が、草原の生物を間接的に守ってきたのである。

最近、里山という言葉を耳にする人も多いだろう。里山は、もともと里に近い林や森のことで、早くは江戸時代中期の文献から見出されている。日々の生活に必要な炭や薪を生産する林（薪炭林という）や、水田の肥料に必要な落ち葉を採取する林（農用林）の総称である。もちろん、双方の用途を合わせもった雑木林は多かったはずだ。だが、最近の里山の概念は、もう少し拡張したものである。雑木林だけでなく、水田や畑、草地、溜め池、水路、そして集落までも含んだまとまりが里山とよばれるようになった。そもそも山ではない要素を里山に含めることに違和感をもつかもしれないが、それなりに意味がある。これらの要素がセットで揃うことで、人々の衣食住が満たされたからである。里山が北海道や南西諸島を除く各地にみられるようになったのは、水田稲作がいたるところに広がった江戸時代に違いない。

水田の広がりは、湿地に依存する生物を増やしたらしい。江戸時代の初期から中期に盛んになった新田開発は、南関東に広大な水田地帯を造りあげた。それは、サギやガン、カモ類などの水鳥を劇的に増やした。当時の記録によると、水鳥が飛ぶ羽音が轟音のように鳴り響いたほどであるという。現在の埼玉県見沼田んぼにあった野田の鷺山には、無数のサギが屋敷林に大規模なコロニーを形成したらしく、幕末の絵図も残されている。将軍の鷹狩りの場所としても重宝され、鳥類の採集が禁止されていたことも関与しているに違いない。野田の鷺山は、明治以降も存在したが、戦後の高度経済成長期に農薬散布とともに消滅した。

明治維新からの近代化の波

消えたニホンオオカミ

明治維新は、世界に類を見ない社会の大変革をもたらした。西欧諸国では、中世から近代、そして近世にかけて、社会は比較的緩やかに移行したが、江戸から明治時代にかけての日本は、社会や経済が丸ごと一気に変わった。髷を結い、武士は刀を身に着けるという八〇〇年以上続いた風習がわずか十年ほどで消え、洋風に様変わりしたのがその象徴であろう。化石燃料をふんだんに使った大量消費社会の幕開けでもある。明治中期には、東海道本線が新橋から神戸までつながり、江戸時代には徒歩で二週間もかかった江戸―京都間は、わずか一八時間で行けるようになった。

工業化や機械化がもたらした近代は、明治期に一気に達成されたわけではなく、太平洋戦争の災禍を乗り越え、戦後の高度経済成長期まで続くことになった。これは人間社会の「脱自然化」の道でもある。脱自然は、作物も燃料も衣料も、再生可能な草木から採取するのではなく、地下に数千万年もの長い間眠ってきた石炭や石油、天然ガスを利用することで、農地と山野の関係性が切り離されたことで起きた。化石燃料も、もとをただせば太古の植物に由来する自然物である。だが、それは気の遠くなるような年月をかけて非常にゆっくり蓄積されたものである。それを掘削技術などにより、一気に取り出し、大量に消費しているのだから、自然の時間の流れとはかけ離れた搾取であり、自然の循環と調和がとれた利用であるわけがない。また日本では、石油のほぼすべてを海外から輸入しているので、国内ではそもそも自然物でさえない。

脱自然は、工業化という物質的な側面だけにとどまらない。自然の恵みを生かすという生き方から、自然を制御するという思想への転換でもある。もちろん、自然を制御する欲求は古くからあったが、昔は技術的に不可能だった。それが技術革新により自在に操れるようになり現実化したことが、制御思想に拍車をかけたといえる。それが象徴的に表れたのが、ニホンオオカミ[写真1-11]の絶滅であろう。

ニホンオオカミの祖先は四万年ほど前の氷期に朝鮮半島経由で渡来し、その後に渡来した別の集団と交雑しながら独自の亜種が形成されたと推定されている。日本列島という狭い環境に適応して小型化かつ短足化し、大陸のオオカミとはかなり異質な形態をもつ亜種へと分化した。体重は一五キロほど、中型の日本犬と同程度で、大陸のオオカミの半分以下の重さしかない。動物のサイズの小型化は、食物が乏しい島国で進化することが多く、日本人の体格が小さいのも同じ理由であろう。むろん、いまの日本では食料は豊富だが、遺伝的には昔の環境の影響が残っているのだろう。ニホンオオカミの短足化は、起伏の激しい地形で迅速に動き回るのに適応した体形と言われている。

ニホンオオカミは江戸時代までは各地に生息していたが、明治初期に急減し、一九〇五年に奈良県でとらえられた個体が最後とされている。絶滅の原因は狂犬病やジステンバーウイルスの飼い犬からの伝播、過度な駆除、餌であるシカやイノシシの減少などが挙げられている。岩手県などでは明治初期に開拓した牧場の牛馬を守るため、高額な懸賞金付きでニホンオオカミの駆除を奨励した。その後わずか四〇年足らずで、地球上から姿を消すとはだれも想像していなかったに違いない。

北海道にいた別の亜種であるエゾオオカミの場合はさらに苛烈で、アメリカから専門のオオカミハンターを招き、毒餌や銃を使って徹底的に駆除したらしい。アメリカでは、牧畜の拡大のため、ひとあし早くオオカミ撲滅の取組みが行われ、駆除のノウハウがあったためである。

シートン動物記の『狼王ロボ』は、明治初期の時代のニューメキシコでの実話で、オオカミ

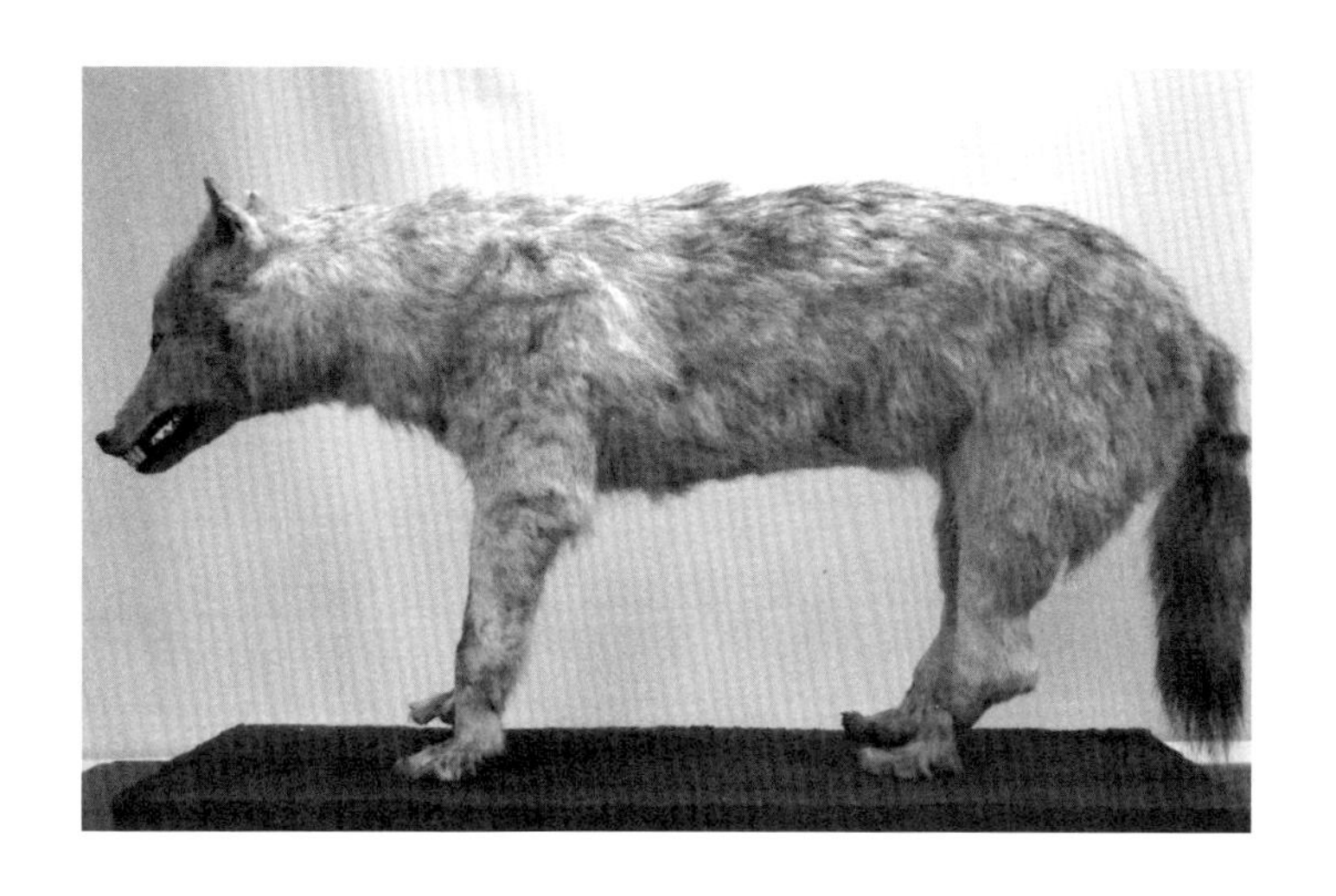

[写真1−11]▶**ニホンオオカミの剥製(岩手県産)**
オオカミの中でも極めて小柄なニホンオオカミは、「オオカミ信仰」で知られるように古来日本人が畏敬の念をいだいてきた動物。明治初期に急減し、1905年に奈良県でとらえられた個体を最後に絶滅したとされている。　東京大学農学部森林動物学教室所蔵

駆除のプロが登場する。地元の人々には、ロボは牛や羊を襲い殺戮する悪魔として憎まれ恐れられていた。当時の価値観からすれば、オオカミは人間社会の近代化を妨げる大敵であり、その撲滅が近代化の象徴でもあった。西部開拓と明治期の北海道開拓には、原住民の迫害など、他にも価値観の均一化の面で多くの共通点があったことはよく知られている。

それでも明治期の工業化がもたらした脱自然は限定的だった。地方はもちろん、首都圏でさえ雑木林や水田などの里山的な自然が広範囲に残っていた。首都圏の宅地化の波が広がり始めたのは大正時代からであるが、そのスピードは遅く、終戦直後まで、密集した市街地は東京二三区の外縁あたりでほぼ収まっていた。

江戸―明治の迅速測図からの急変

国土地理院のホームページでは、明治期以降の土地利用の変遷を、過去の地図や航空写真から手軽に見られるサイトがある。もっとも古いものは、明治初期に作られた迅速測図〔図1―12〕という手書きの地図である。これは、西南戦争で地図の必要性を痛感した山縣有朋（当時の陸軍卿）が作らせたもので、明治一九年に完成したらしい。迅速測図は関東の一部だけではあるが、当時の土地利用を知ることのできる貴重な資料である。

江戸時代には、江戸城を中心にした町場を「ご府内」と呼んでいた。ご府内は、当時の重要

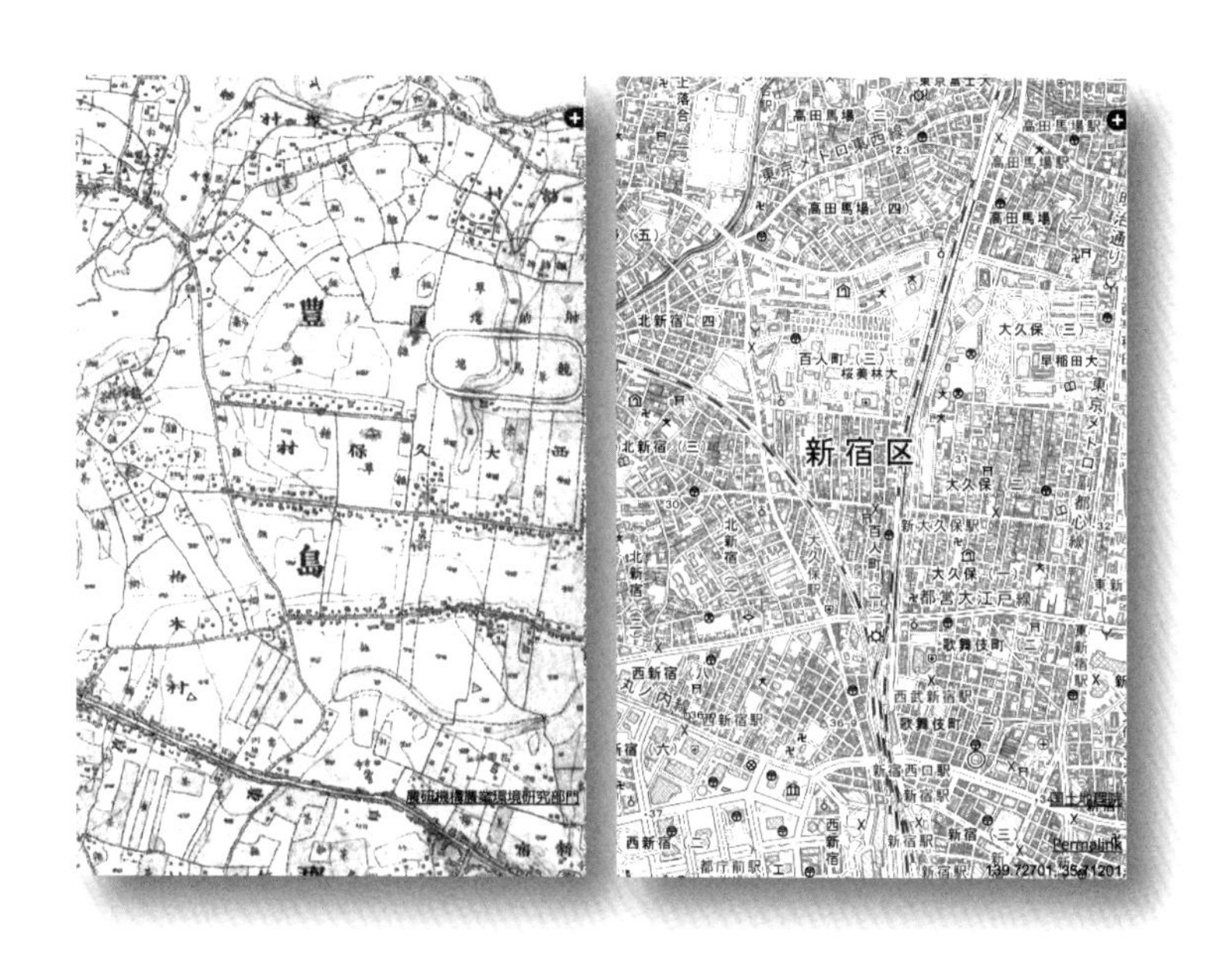

［図1−12］▶明治初期に制作が計画され、明治19年に完成した手描きの地図「迅速測図」より。現在の新宿区（右）あたり。当時の土地利用を知ることができる。　出典：農研機構 歴史的農業環境閲覧システム

な行政単位であり、江戸町奉行が支配する領域とおよそ一致していた。時代劇好きの人であれば、御府外へ出れば咎人が町方役人の追求から逃れられるという件に聞き覚えがあるだろう。迅速測図は明治初期のものなので、江戸時代の土地利用を色濃く反映していた。それを見ると、「旧ご府内」の縁に位置する池袋、新宿、原宿、渋谷あたりは、ほとんど畑や田んぼで占められている。つい一五〇年前まで、そこはいまでは想像できない田舎だったのである。

　このサイトにある航空写真でもっとも古いものは、ずっと時代を下った昭和二二年のものである。さすがに迅速測図とは比べものにならないほど市街地が広がっているが、新宿や渋谷あたりでも畑や田んぼがところどころにあり、江戸時代の名残が見てとれる。郊外の世田谷や練馬まで行けば農地がかなり残っている。ところが、昭和の高度経済成長期になると、瞬く間に農地は宅地に変貌した。高度経済成長が終焉を迎える昭和五〇年頃の航空写真を見れば、都心から五〇キロ圏内にまで市街地が広がっているのがわかる。いわゆる首都圏の完成で、それが現在に至っている。

　地方に目を向ければ、脱自然化の歩みはさらに遅れていた。人々の暮らしは昭和四〇年代まで、依然として昔ながらの農業中心だった。筆者は幼少期の昭和半ばを長野県の飯田市で過ごした。やや薄らいだとはいえ、変貌の様子がしっかりと記憶に残っている。

　私の家は、飯田市郊外の天竜川に沿ってできた河岸段丘の段丘面にあった。宅地と水田・桑畑などの農地がひろがり、段丘の斜面（段丘崖）には雑木林があった。幼少期、近所にはまだ農家がかなりあった。農家の片隅には牛小屋が必ずあり、春には牛を田んぼの耕起や代掻き(しろか)に使っていたのを覚えている。牛の餌は、近所の土手から採取した草だったと思う。牛小屋の近くには倉庫のような堆肥置き場があって、たまらなく臭かった。ナシの果樹園の中にも、コンクリートで作られた肥溜(こえだ)めがあり、恐るおそる覗き込んだりした。

糞尿と落ち葉を混ぜて腐食させたものを正確には厩肥(きゅうひ)というが、当時は単に肥やしと呼んでいた。農薬が盛んに使われ始めた時期ではあるが、農業はまだ自然の循環を生かした、いまでいう有機肥料が普通に使われていた。

農業の脱自然化、つまり全国津々浦々にまで機械化や化学肥料が普及したのは、高度経済成長期の末期であろう。ちょうどその頃、故郷には中央高速道路が開通した。全国で新幹線や高速道路網が整備され、物流がいっそう激しくなった時期である。水洗トイレが普及し、石油で風呂を沸かせるようになった。

トイレと風呂の近代化は我が家にとっても画期的だった。風呂はそれまで、木材を燃やして沸かしていた。沸くまで一時間はかかったし、冬はすぐに冷めるので、追加で木材を燃やすのが面倒だった。風呂焚きは手間のかかる作業だったので、冬は三日に一度入れる程度だった。木材のストックは数か月でなくなった。業者に頼むと木材を満載したトラックが来て、近所の路上に大量の木材（板の切れ端だった）を無造作にばらまいていった。それを一輪車で自宅まで運び、きれいに積みあげる作業を家族総出でやった。そんな手間がかかる風呂焚きは、石油で沸かす風呂の出現で一気に解消した。当時は、もちろん地球温暖化、再生可能資源、脱炭素社会の概念はなかった。再生可能資源から再生不可能資源の利用へ、そして持続不可能な社会へ、いまの流れとは真逆の方向へ邁進していたのだ。

同じ頃、気づけば農家から牛がいなくなり、しばらくは牛のいなくなった小屋だけが残されていた。化学肥料と耕作機械が普及したことで牛は不要になったからだ。トイレの水洗化とも相まって、家の中にイエバエの姿もめっきり見られなくなった。衛生上は望ましいことかもしれないが、ともかく農村でも衣食住の近代化がおこり、農業の脱自然化が進んだのである。

脱自然とアンダーユース

日本の森林はアンダーユースの代表例

人間生活の脱自然化は、やがてアンダーユースという人類史上、過去に類を見ない事態を招くことになった。アンダーユース（under-use）は、人間による自然の利用の減少がもたらす自然環境の変貌を意味する。その対語のオーバーユース（over-use）は、文字どおり過剰利用で、森林や水産資源の過剰利用、土地改変などの開発、大気や水質の汚染など、いわゆる旧来型の環境問題である。人口増加や経済成長によるオーバーユースは、高度経済成長社会がもたらした、ある意味で必然的な帰結であるが、アンダーユースがなぜ脱自然と関係するのか、腑に落ちないかもしれない。実際、アメリカの著名な生態学者にアンダーユースの話をしてみたが、しばらくその実態を理解してもらえなかった。

アンダーユースは人口や経済が成長している国では本来起きにくいが、人口が減少に転じ、成熟した社会で起き始めている。だが単純に人口減少だけが理由ではない。食糧や木材を海外に依存していれば、自国の農地や森林を過剰に利用することは起きない。化石燃料を海外に依存している場合も同様である。

近年の日本の森林は、アンダーユースの代表例である。日本の森林面積は、過去六〇年以上にわたって国土面積の三分の二で安定している。先進国でこれほど森林面積が高い国は例外的である。森林面積が維持されているのは、木材需要の低迷もあるが、輸入木材の割合が増え、国内の林業が生業として成り立たなくなったことが最大の理由である。森林が維持されていることは、炭素蓄積のうえでは望ましいが、国土保全や生物多様性の保全の観点からはマイナス面が多い。その最大の理由は、森林の質の低下である。日本は戦後、拡大造林が盛んに行われたため、各地でスギやヒノキの造林地が多い。私の知り合いの話では、昭和四〇年頃、伊那谷にはまだ落葉樹林が多く残っていることが林務行政の大課題であり、スギ・ヒノキを造林することが急務であったそうだ。落葉樹林が未開の象徴で、人工林が発展の象徴だったのだ。だが、いまとなっては売れもしない人工林が広大に残り、質の高い木材を生産するうえで必須である間伐などの森林施業もないまま放置されている。暗く単一の樹種からなるスギ・ヒノキの森は、下草が乏しく、土壌への根の張りも限られる。豪雨が降れば、土壌流亡が起き、斜面崩壊も起きやすくなる。鳥や昆虫などの種の多様性が減るのはもちろんである。

雑木林に昆虫の賑わいがない

元来、人手がほとんど加わっていない原生林では、アンダーユースが本来の姿なので問題にならない。だが、人工林が卓越する日本の森林では、適度に人手を加えることで広葉樹や草本が生育可能な環境を維持できる。人の利用と管理によって長く維持されたクヌギやコナラなどの雑木林もアンダーユースの危機にさらされている。武蔵野など平野部にある雑木林は、宅地や農地開発などによるオーバーユースにより減少した。だが、丘陵地や段丘の斜面に発達した雑木林は、放置するとシイやカシなどの照葉樹が侵入し、明るい落葉樹林が衰退してしまう。

たとえ雑木林が残っていても、樹の高齢化が問題となっている。雑木林は昔、カブトムシやクワガタムシ、カナブン、カミキリムシ、ゴマダラチョウ［写真1－13］、スズメバチなど多種

［写真1−13］▶本州以南に生息し、雑木林などでよく見かけるシロスジカミキリ（上）と若いクヌギとゴマダラチョウ

シロスジカミキリが産卵のためクヌギの樹皮に穿孔する。樹木はこうして傷つくことにより、自ら樹液を出す。　写真提供：米山富和

その樹液を吸おうと、ゴマダラチョウが産卵痕のあたりに口吻を差し込んでいる。　写真提供：筆者

多様な昆虫が樹液に集まっていた。昭和の時代、夏になると男子のほとんどはカブトムシやクワガタ採りに熱中したものだ。ところが最近、樹液がでるクヌギの樹がめっきり減った。雑木林が減ったこともあるが、樹が残っていても、ほとんどで樹液が出ていないのである。その理由は最近までよくわからなかったが、どうやら樹の高齢化が原因らしい。

そもそも樹液は、樹が能動的に出すものではなく、昆虫に食害されたり、風で折れたりして、傷ができると滲出する。東日本では、シロスジカミキリ［写真1―13上］、西日本ではボクトウガという、ともに樹体に穿孔（せんこう）する大型昆虫が樹に刺激を与えていた。ところが、クヌギは樹が成長すると樹皮が厚くなるので、シロスジカミキリは表皮を齧りとって産卵することができなくなる。かつて雑木林は、薪炭林として、二〇から三〇年周期で伐採が繰り返されてきた。それが意図せず若い樹を常時供給し、シロスジカミキリらの穿孔によって樹液を出す樹を造りだし、多様な昆虫の酒場を提供していたのだ。

いまでは、燃料としての価値がなくなった雑木林は放棄され、昆虫の賑わいのない、味気ない雑木林が残っている。子どもが虫取りに興じる世界もなくなり、虫取り文化の衰退にも拍車をかけているに違いない。

大進化と小進化

ヒトは生物の一種である。生物種としてのヒトの出現は二〇万年ほど前であるが、私たちの遺伝子には、ヒトになる前の時代の要素もたくさん刻印されている。生物と無生物との違いの最大の特徴は、世代を通して、性質が徐々に変化することである。その変化が、学習や伝承ではなく、遺伝子に刻まれた変化であれば、進化とよばれる。進化といえば、魚類が上陸して両生類に進化したことや、恐竜に羽毛が生えて空を飛ぶ鳥へ進化したことを思い浮かべるかもしれない。こうした進化は「大進化」と呼ばれる。

一方、もっとずっと短い期間でも、生物の性質は進化する。作物や家畜、ペットの例が身近で分かりやすいだろう。人間は目的に応じて作物の味や色や形を、動物の場合は行動や性格まで も選抜し、交配を繰り返すことで、遺伝的に異なる新しい品種を作り出してきた。だが、イヌは犬種が違っても交配し子孫を残すことができるので、生物学的な同種とみなせる。こうした種内での進化を「小進化」と呼んでいる。

小進化は自然界でもリアルタイムで起きている。最近、都市に棲む生物は、もとの自然条件とは違う過酷な環境に対処できるよう、生理的な仕組みなどが進化していることが知られてきた。たとえば、都市に棲むショウジョウバエという小型のハエは、ヒートアイランドに代表される高温に耐えられるような生理的な仕組みができ上がっているらしい。ショウジョウバエは一年に何回も世代交代をするので、いまの都市環境ができてから百世代は経過している。その間に高温に適応した遺伝子が集団中に広がり、小進化を引き起こしたのだろう。では、ヒトの場合はどうだろうか？

人間の小進化には百世代を要する

人間もヒトとして誕生して以来、絶え間ない小進化を繰り返してきた。その事例を一つあげよう。哺乳類は、その名のとおり、誕生後しばらくはミルクで育つが、成長するとミルクは飲まない。ミルクは高栄養な食品であるが、腸に乳糖がたまると消化不良を起こす厄介者である。乳児は乳糖を分解するラクターゼという酵素を産生できるので問題ない。いっぽう大人ではミルクを飲む習慣がないので、ラクターゼを作る能力をもちあわせていなかった。

ところが八〇〇〇年ほど前に酪農が開始され、大人も牛乳を飲む習慣が生まれた。それがきっかけで、大人でもラクターゼを産生できる遺伝子をもつ人が現れた。数千年にわたって乳製品を食べる文化が根づいたヨーロッパの人は、大多数がこの遺伝子をもっている。逆に東アジアの人たちの多くはもっていない。私もそうだが、牛乳を飲むと腹の調子が悪くなるのはそのためである。大人でもラクターゼを産出する遺伝子が集団に広まったことは、まぎれもなく小進化の例である。

では、人間は脱自然化した現代の環境に対して、生物学的に適応できているのだろうか。ここで注目すべきは、ラクターゼの進化とは経過した時間スケールが明らかに違う点である。工業化とそれに伴う脱自然化が急速に進んだのは、明治初期から数えても一五〇年、脱自然化が完了した昭和末期からすれば四〇年にも満たない。進化は、世代を超えた性質の変化だから、数世代で新たな環境に対して人間の性質が進化することはほぼあり得ない。人類のラクターゼの進化は、数千年かかったというから、百世代は経ている。現代の脱自然化した環境に、生物学的な進化で対処するには、あまりに短期間であるのは明白である。むろん、進化的な変化とは別の、順応や学習による対応もあり得るが、それには限度がある。

衛生仮説とその発展

都市化とアレルギー疾患

現在、地球上の半数以上の人々は都市に住んでいる。今後はいっそう都市への集中が進む見通しである。日本でも新型コロナウイルスのパンデミックで一時的に減速したらしいが、増加傾向にあるのは間違いない。

すでに述べてきたが、都市化はここ半世紀ほどで急速に進行した現象であり、人類史からすれば突如出現した環境へ人間が暴露されるようになったと言える。そうした環境変化に私たちは心身両面から適応できているのだろうか？　答えはノーと言える。

アトピーや花粉症の人はここ数十年で急増し、日本人の三割が何らかのアレルギーをもっているらしい。私も四〇年ほど前に突如として花粉症を発症した。花粉症自体が一般に認知されるようになってから数年後のことである。年齢とともに免疫力が落ちたためか、症状は軽微にはなったが、それでも春先は心が晴れない日が多い。

アレルギー疾患の原因が、微生物や寄生虫の減少が原因であるという「衛生仮説」を最初に唱えたのは、イギリスの衛生学者デビッド・ストラカンである。日本でも平成初期にはこの説を唱える人が現れ、体内の寄生虫の減少とアレルギー疾患の反比例の関係をもとに因果を論じるようになった。昭和中頃まで、日本人のふたりにひとりは、蟯虫や回虫などの寄生虫をお腹にもっていた。小学校時代に、検便や肛門にセロハンを当てる検査をした記憶のある方も多いだろう。いまでは数千人にひとりしか寄生虫をもっていないらしい。過去半世紀で水洗トイレが普及したことや、農業で糞尿を混ぜた堆肥を使わなくなったことが関係しているのだろう。小学校で長いあいだ行われてきたセロハンによる蟯虫検査は、二〇一六年をもって終了した。

衛生環境の改善とアレルギーの増加を関係づける衛生仮説はいかにも怪しげな説であり、当初はあまり受けが良くなかった。だが、ここ二〇年でつぎつぎと衛生仮説を支持する研究があり、もはや確たる事実として認識されている。そればかりか、最近では身近な環境から生物が減ったためという「生物多様性仮説」へと発展した。ここでいう生物とは、直接的には人間の皮膚や腸内に棲む微生物のことであるが、その微生物は居住地周辺に緑地が多いことや、日常的に土いじりをすることで多様性が高まるらしい。普段から微生物にさらされていることで、体内の免疫反応のバランスが維持され、アレルギーを抑制しているのである。

この説を裏付ける例を紹介しよう。

北欧のスカンジナビア半島にカレリア人という民族がいる。第二次大戦によりフィンランドとロシア（旧ソビエト）に民族が分断された。戦後、フィンランドでは西側先進国として人口が増えて大都市ができ、それに伴い自然と隔絶した都市生活者が増えた。一方、ロシア側では相変わらず農業中心の生活を送ってきた。驚くことに、フィンランド側では分断後の数十年で花粉症患者が十倍以上も増えたのに対し、ロシア側はほとんど増えなかった［図1－14］。その理由を確かめるため、マウスを使った動物実験が行われた。ロシア側の住宅から採取した細菌群を、人工的に作り出したアレルギーを患うマウスに注射したところ、肺の炎症が劇的に改善した。

生活習慣の都市化がアレルギー症状の増加をもたらすという報告は、他の国々からもつぎつぎに報告されている。二〇万年という長い歴史をもつホモ・サピエンスにとって、突如出現した都市環境は、生物学的には未知の世界であり、それへの生理学的な適応が追い付いていないのだろう。人間の「内なる生物多様性」をいかに守っていくかが大きな課題となっているのである。

「内なる生物多様性」のご利益

生物多様性仮説のエッセンスは、人間の皮膚や腸に棲む多種多様な細菌が、アレルギー疾患を防ぐ効果があるということだった。この仮説は二一世紀になって提唱されたが、体内の微生物が健康維持に役立つという発想は古くからあった。乳酸菌入りのヤクルト飲料は健康に良いという触れこみで、半世紀も前にテレビＣＭで放映された。この乳酸菌は約九〇年前に発見されたシロタ株とよばれるもので、いまでも乳酸飲料のラベルに記載がある。

では、そもそも皮膚や腸の細菌はなぜ免疫反応を安定させるのだろうか？　これには制御性Ｔ細胞というリンパ球の一種が関わっている。通常のＴ細胞は、体内に侵入した異物に対して攻撃するいわば自衛装置だが、攻撃が行きすぎると自身をも痛めつけ、アレルギー疾患を引き起こす。新型コロナウイルスが蔓延し始めた二〇二〇年に、サイトカインストームによる

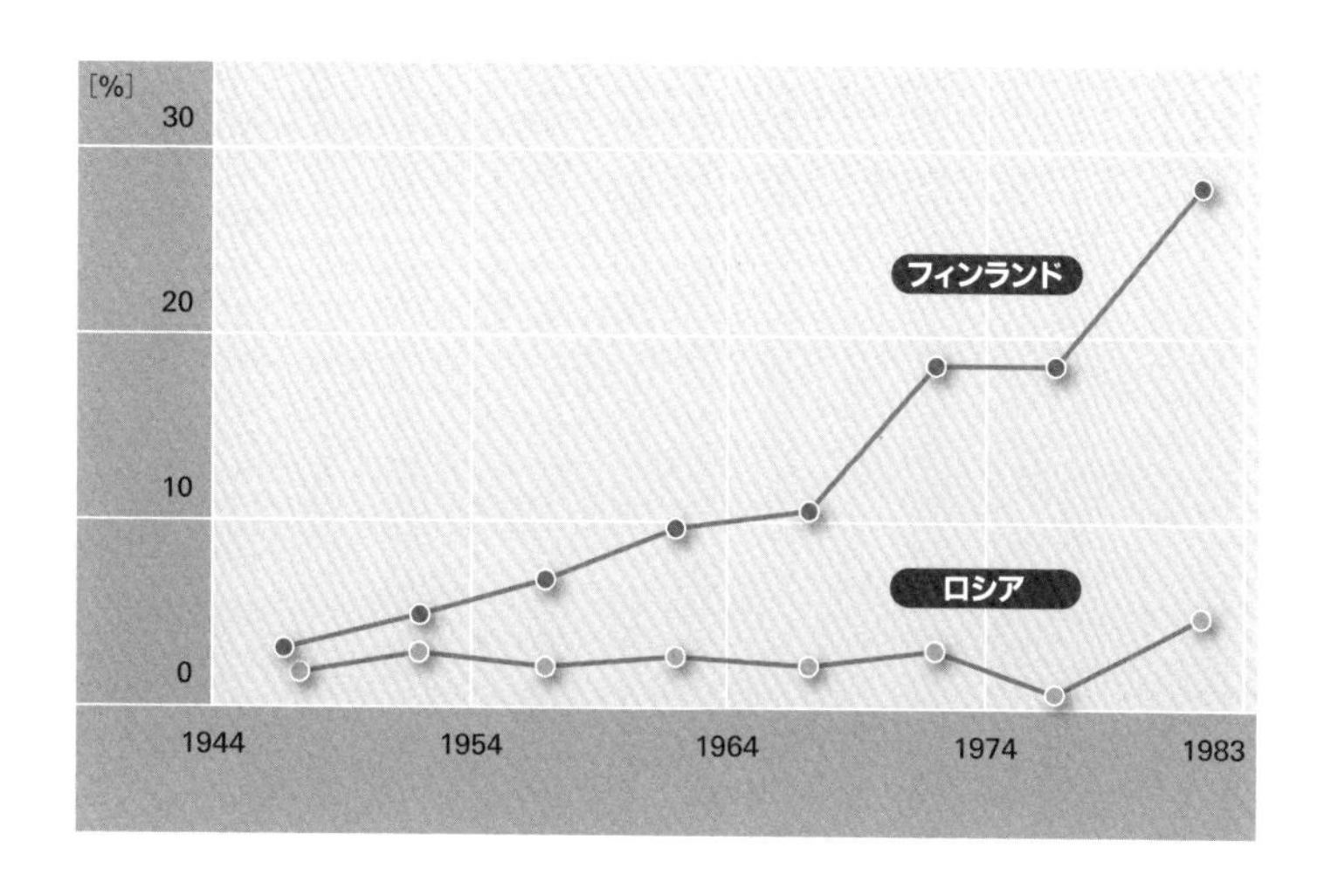

[図1-14]▶フィンランドとロシアに分断されたカレリア民族の花粉症の割合
第二次世界大戦後、フィンランドとロシアに分断されたカレリア人を対象に調査した花粉症患者数の推移。　図：Haahtela et al.（2015）を改変

自己免疫疾患で患者が死亡する事例が報告されたが、これもT細胞の暴走による。制御性T細胞は通常のT細胞の暴走を抑えるブレーキ役をしている。乳酸菌やクリストリジウム菌などの細菌は、酪酸という物質を生産して、制御性T細胞を作り出していたのだ。なお制御性T細胞は、免疫学者で医師の坂口志文博士が二〇年以上前に発見したものである。

生物多様性仮説に話を戻そう。都市化された環境での日常生活では、自然との触れ合いは意識しないとできない。とくに幼少期の自然との触れ合いがその後のアレルギーの抑制に効いているという報告がある。最近、フィンランドの研究者たちは、大変面白い実験をした。都市にある幼稚園の庭に森の土を移植し、子どもたちが土いじりや植物の栽培ができる環境を整え、四週間のあいだ一日二時間ほど遊ばせることにした。その結果、土を移植しない幼稚園の園児たちに比べ、皮膚上の細菌の多様性が高まり、血液中の制御性T細胞の量が五〇パーセントほど増えた。今後は、アレルギーに対する予防効果についての追跡調査が待たれる。

内なるミクロな生物多様性のご利益をいかに活用するか、いま社会実装が始まったところである。

あらためて脱自然化の功罪を問う

本来のヒトが不適応ではないか

脱自然化は衛生環境の改善だけでなく、衣食住すべての面で利便性を飛躍的に高めてきた。多くの日本人はテクノロジーの恩恵を受け、快適な生活を送っている。平均寿命は延び、日々過酷な労働に追われることも、また酷暑や酷寒にさいなまれる機会も減った。だが、そうしたプラス面の陰にはさまざまなマイナス面が潜んでいる。市場経済主義、一国主義、IT化によるバーチャル幻想がはびこり、さまざまな社会のひずみが出てきていることは、日々のニュースや新聞、ネット記事（これもプラスだけではない）で周知のとおりである。

だが、もっと本質的なことがある。ヒトは本来、脱自然化した環境で暮らすようにデザインされていないのだ。アレルギー疾患の急増は、都市生活への不適応症候群と見ることができる。これは、ヒトが現代の微生物の多様性に乏しい環境に適応していないことを意味している。もちろん、もっと長期的時間スケール、たとえば数千年先には、自己疾患を緩和するような突然変異が人間社会に広まり、小進化を遂げて適応が成立するかもしれない。だが、それまで我慢するというのは、まったく無茶な話である。

おなじことは、精神面についても言える。自然や生き物に癒されるという話をよく聞くが、その効果は科学的に実証されてきている。最近は、新型コロナウイルスの蔓延で、テレワークやオンライン授業などで人と接触する機会がめっきり減り、心の病を抱える人が増えた。オンラインでも仕事や遠隔地の人とのコミュニケーションができるのは、現代テクノロジーがもたらしたメリットに違いない。だが、それは現代の脱自然化をいっそう加速したと見ることもできる。

実際、ある研究によると、コロナ禍でも近所の緑地を散策したり、窓際から外の緑地が見える部屋で過ごしている人は、そうでない人に比べて、自己肯定感が高く、孤独感や不安にさいなまれる程度が低い傾向にあったという。引きこもり生活は、メンタルがやられたことの結果か、それともパンデミックで強いられたかにかかわらず、精神衛生に悪影響を及ぼすのは当然かもしれない。

人はそもそも狭い家のなかで生活を完結するような生き物ではない。野生動物と同じとまでは言わないが、つい百年ほど前までは、日常的に外で働き、身近な自然の中で暮らしてきたからだ。いつの日か、実験動物のモルモットやマウスのように、狭い部屋にいても心が病まない新世代人間が進化する可能性はある。だが、そうした超人たちの誕生ははるか遠い将来だろう。もちろん、その時まで手をこまねくことはできない。脱自然生活が避けられないとすれば、そのなかにいかにして親自然的な要素をミックスしていくのか、知恵の出しどころだろう。

第2章　里山の多様な生物

——「景観—生物—人間活動」の相互作用について

親自然の暮らし

現代の人類の約半数は都市に住んでいる。日本では二〇二二年現在で九割にもなるという。もちろん、行政界で定義した都市の中にも農地や雑木林が身近に点在する地域はあるので、実質的な都市生活者の数はそれより少ないだろうが、それでも他国に比べて高い。

昭和の中頃には三割以上の人が地方に住んでいた。地方は、よく田舎とも呼ばれる。この言葉には、未開発や洗練されていないといったネガティブな意味合いもあるが、最近は「田舎暮らし」をキャッチフレーズにIターンやUターンを呼び込む自治体も多く、都市生活に疲れた人々の憧れの言葉にさえなっている。

すでに述べたとおり、私も一八歳まで田舎で育った。最寄り駅が無人の「伊那上郷」であったが、ひらがなで「いなか・みさと」と揶揄されたりもしていた。実際はそれほどの田舎ではなく、こじんまりした商店や中型の病院もあったりした。だが少し広い視野で見れば、田んぼや桑畑が広がり、近くの段丘崖には雑木林があり、段丘崖を下ったところには溜め池もあった。都会人からすれば明らかに田舎だったに違いない。

上郷という地名は、飯田市街地の北方にある郷、という意味でついた。郷と里はほぼ同じ意味だが、律令制度の制定により、集落の単位を里から郷へと呼称を変えたらしい。里はその後長らく、行政単位ではなく、農村や山村の風景全体に対して使われるようになった。いまでは里山や里地のように、村落を含む広がりを持つ空間をそう呼ぶようになっている［図2－1］。

私の幼少期の記憶をたどると、脱自然とは反対の親自然的な生活をしていたことが思いだされる。その描写は、すでに前章でも触れたとおりである。当時はそう感じてはいなかったが、いまでいう里山や里地の中で暮らしていたのだろう。当時のもっとも楽しい記憶は、野山で蝶採りをしたことだ。小学校の教員をしていた父親の影響を受けて、幼少期から網を持って出かけていた。夏から秋には、わざわざ出かけなくても、家の隣近所の畑や学校の花壇はもちろん、教室の中にいろんな蝶が入り込んできた。授業中でも、教室の窓で翅をばたつかせている蝶が何という名の蝶なのか、気になってしかたなかった。よそ見ばかりしている児童が先生にぶたれるのは、昭和時代の必然だった。

「生態系」とはなんだろう

生態系の〝系〟はシステムを表す

生態系という用語は、高度経済成長期の時代にはあまり見聞きした覚えがないが、いまでは頻繁にマスコミを賑わしている。自分が大学生だった昭和末期、ひさびさに高校時代の友人に会ったときのことだ。

「おれは生態系の研究をしている」と話すと、友人はやや怪訝な顔で「難しそうなことやっているな」と言った。自分には難しい響きとは微塵も感じなかったが、当時の一般人にはあまり聞きなれなかったらしい。平たく言えば、生態系は自然環境と言ってもいいかもしれない。森林生態系、農地生態系、草原生態系、河川生態系、都市生態系、海洋生態系などに区分されるが、わざわざ「系」なる用語がついているのはなぜだろうか？

現代の話し言葉では、ビジュアル系、肉食系、体育会系、などの類型を表すことが多い。生態系も見た目の類型を表しているとも言えるが、じつはもう少し奥深い。英語のエコシステム(ecosystem)のとおり、システムなのである。システムとは表面的な類型ではなく、多数の要素が相互に連関し、秩序だった体制を創りだしている集合体のことである。情報システムや社会システムなどは、複雑な要素からなっている機能体であって、外見上の物体そのものではない。

生態系も内部にさまざまな構成要素があり、それらが複雑に関係しあって成り立っている。植物は、光合成をして有機物を生産し、生態系の基盤を作っている。それを草食性の動物や昆虫などが食べ、さらに捕食者が草食者を食べて食物連鎖ができあがる。私たち人間は、野菜も魚や肉も食べる雑食性の動物であるが、生態系の中での循環の構成員であることに変わりはない。

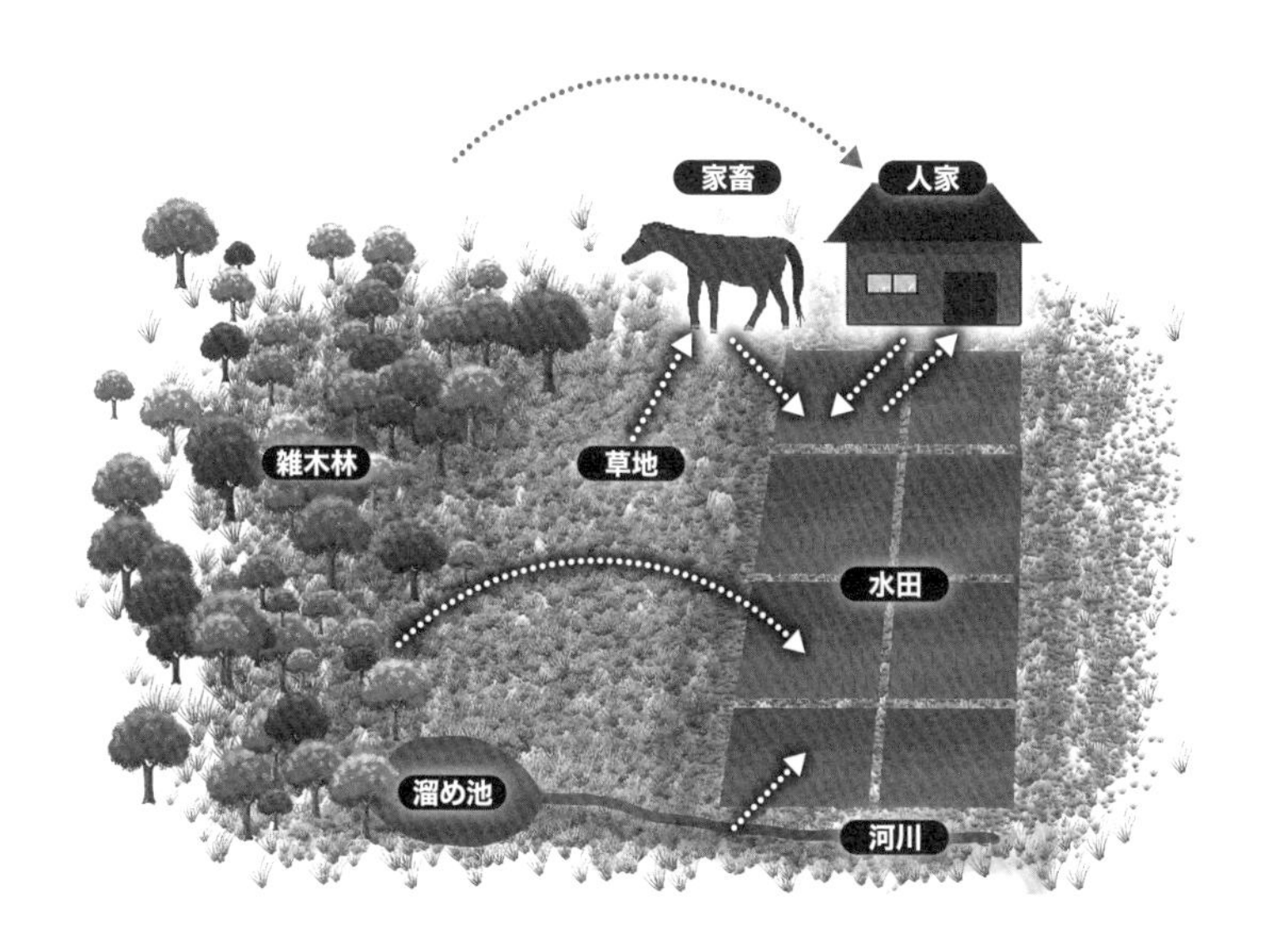

［図2−1］▶里山景観の模式図、矢印は物質の移動を示している。

いっぽう、生物の遺骸や排泄物は微生物により分解されて無機物に戻る。陸上では、落ち葉や枯れ木、そして動物の死体は微生物などにより分解される。生きとし生けるものは、やがて必ず死んで、無機物となって土壌に蓄えられる。そして、その一部は再び植物の根から吸収されて、生物体になるのである。こうした循環こそが、生態系が循環システムとみなせる理由である。

土から生まれて土に還るというのは、世界各地にある教えであるが、死体を火葬して骨壷に入れる現代社会ではイメージしにくい。古代や中世のように自然や生死がいまより身近だった時代には、リアルな感覚だったのだろう。それはいっけん輪廻転生という仏教の教えに似ている。だが輪廻転生との明らかな違いは、生き物が別の生き物へと生まれ変わるわけではなく、炭素や窒素などの物質が生き物を通して循環しているという点である。生まれ変わるのではなく、科学的には死後に粉々に分解されてから、年月を経て別の生き物の素材になるというだけである。もちろん、前世も来世もありはしない。

里山という景観、モザイク性

話を里山に戻そう。里山には雑木林や水田、畑、溜め池、草地、宅地などさまざまな要素が入り混じっている。それらは無秩序に存在するわけではなく、かつて人間生活を営むうえで衣食住を供給するために必要不可欠なセットだった。それぞれは、森林生態系や水田生態系などと呼んでさしつかえない。里山は異なる生態系のセットという意味で、生態系ではなく「景観」とみなされている。ただし「景観を損なう」などという単なる景色や風景とは意味合いが違い、専門書では、生態系の上位の概念として扱われている。

異なる生態系のセット

生態系の上位概念としての景観は、見た目や入れ物としての実体でなく、やはりシステムとして捉えることができる。歴史的に雑木林は田畑の肥料を賄うための場だった。草地も同じく田畑の肥料の採集場であったが、農耕に使う牛馬の飼料採取の場としても使われていた。また溜め池は、水田へ水を引くための貯水池として人間が造ったものである。宅地は、雑木林から炭や薪を得ることで、また農地とは作物の収穫を通して、深くつながっていたのはもちろんである。さらに人間や牛馬の糞尿から肥やしを造り、農地へ投入することで、地力が維持されてきた。

つまり、里山の構成要素のあいだには、さまざまな経路があり、それを通して窒素や炭素、リンなどの物質が出入りしてきたのである。その意味からすれば、里山を単なる見た目の景色や入れ物、あるいは日本の古き良き時代の文化的象徴としてだけ見なすのは、明らかに不十分である。空間的な相互依存性をもったシステムとして捉えることで、その成立ちや維持されてきた仕組みを理解することができるのである。

里山は、周期的な人為攪乱がつねに起きている場でもある。雑木林は約二〇年周期で伐採され、草地は年数回の草刈りが行われ、水田では農事歴に沿った各種の管理（耕起、入水、稲刈り、排水など）が毎年行われてきた。自然攪乱より規則性が高く、バラエティに富んだ攪乱とも言える。

最近、書物などで「動的平衡」という言葉を目にする。これは、静的で硬直的な平衡ではなく、揺れ動きながらもトータルで見ると平衡状態が保たれていることを表している。私たち人間もシステム論的には、筋肉や内臓を構成する物質が半年ほどで入れ替わりながらも、個人としてのアイデンティティが保たれている。おなじく里山の構成要素も人為攪乱を受け、質的に変動しながらも、景観全体は長期にわたって動的平衡状態で保たれてきたと言える。

自然と人為による構築

里山景観を語るとき、モザイク性という概念がしばしば使われる。最近では「モザイクをかける」というと、画像の解像度を下げて実体をぼやかすことなどを表すが、本来の意味は少し違う。色や形が違う小片を多数組み合わせて作った絵画や装飾品、あるいはその技術のことをいう。景観がモザイクであるとは、いくつかの景観要素が組み合わさってできたモザイク画のような景観をいう。里山はすでに述べたとおり、モザイク的な構造をもっている水田、田畑、雑木林、草地、宅地などが、入り組んでいるのがいわゆる田舎の風景である。いっぽう、ヨーロッパや北米に広がる均一な景観はまったく異なる。広大な森林のひろがりや、どこまでも続く農地の広がり、そこでは遠く地平線に沈む太陽も見えるだろう。そうした雄大な光景は、日本の里山景観ではまず見ることができない。

では里山の景観はなぜモザイク性が高いのだろうか。その一つの理由は、日本の地形にある。日本は島国であるが、同時に造山運動が盛んな地域である。よく巨大地震はプレート同士の軋轢で起こるという話を聞くと思うが、日本は四つの巨大プレートがぶつかり合う造山運動や地震のホットスポットである。東日本大震災は、太平洋プレートと北米プレートの境界がある三陸沖で起きた。近々に発生が危惧されている東南海地震は、フィリピン海プレートがユーラシアプレートの下に潜り込む際に起きる軋轢が原因となる。

日本一の標高を誇る富士山は、フィリピン海、北米、ユーラシアの三つのプレートの境界部にあり、過去一万年程度の活動でいまの山容になったらしい。こうした急峻な地形に加え、降水量が多い気候の影響も相まって、あちこちで河川が形成され、台地が浸食と隆起を繰り返すことで、複雑な地形を形成してきたと考えられている。

だが、里山の景観のモザイク性の形成は、自然の働きだけが関わってきたわけではない。もともと人間生活の必要性から改変されてきたのだから、その影響を強く反映していると考えるのは当然である。この際にキーになるのは、弥生時代以降二〇〇〇年以上にわたって営まれてきた水田稲作である。これは東アジアや東南アジアを含むモンスーンアジア地域の特徴とみなせる。じつは水田稲作と景観のモザイク性の関係について、深掘りして論じた人はいなかったが、ここでは、拙著『人と生態系のダイナミクス』に詳しく載せている論説(宮下・西廣　朝倉書店、2019)をもとに、その概要を紹介しよう。

米の生産力

モンスーンアジアの主食

温暖で降水量が多い東アジアから東南アジア、南アジア東部地域は、モンスーンアジアと呼ば

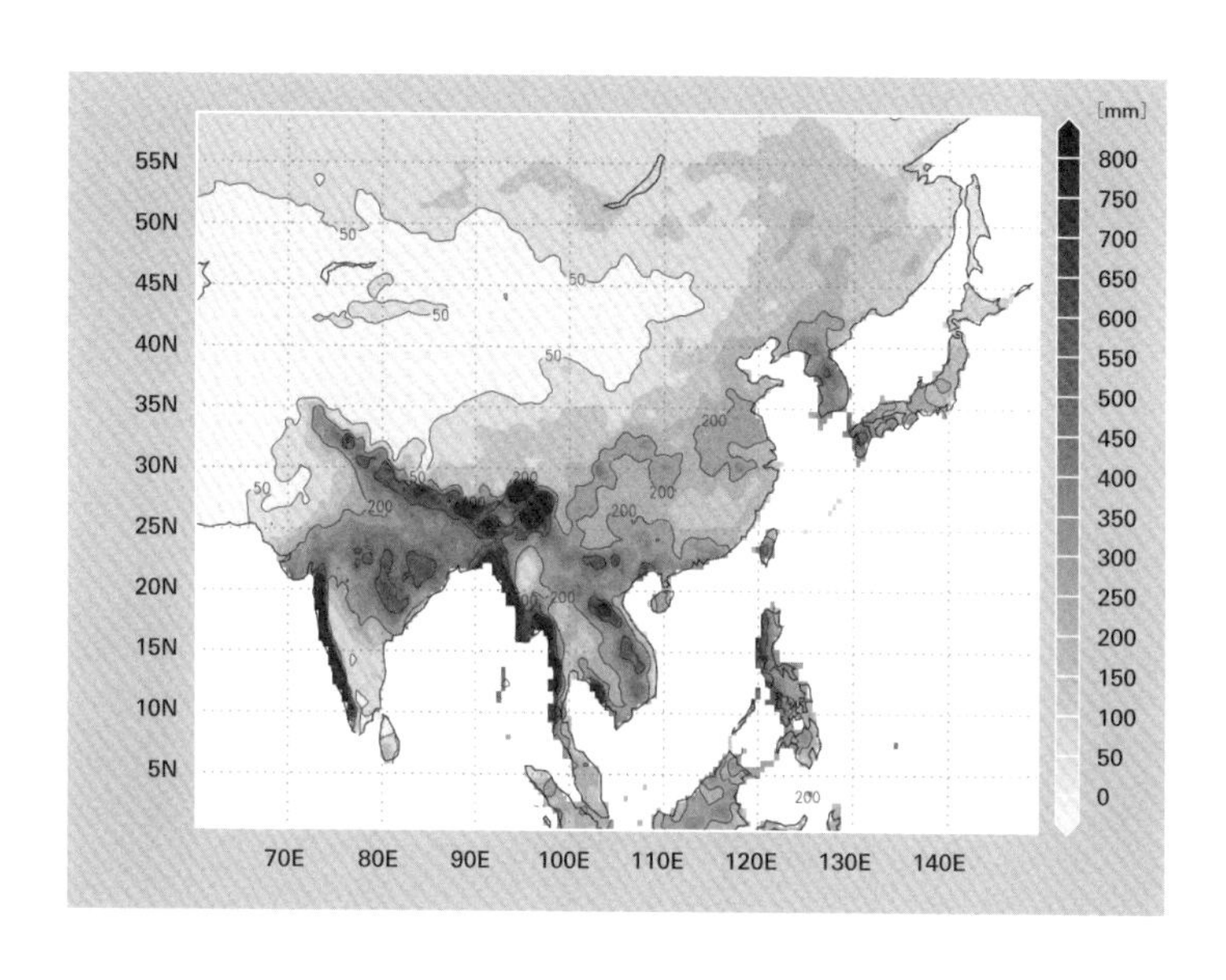

[図2-2]▶モンスーンアジアの7月降水量(mm)分布(陸上)1981-2010　出典：JCDP

れている。モンスーンとは季節風のことで、夏には海から陸へ吹く大量の水分を含んだ風が、大量の雨をもたらす。モンスーンアジアは年間降水量が一〇〇〇ミリ以上の地域と定義されているが、二〇〇〇ミリに達する地域も多い［図2−2］。この地域は、地球上の陸地の一四パーセントしか占めていないが、世界人口の約半数を抱えている。主食が米であるという共通点は単なる偶然ではない。イネは小麦や雑穀類と比べて高い気温と日射量を必要とする熱帯から亜熱帯、暖温帯に適応した植物である。また水稲栽培は、文字どおり水の安定確保が前提となる。モンスーンアジアの気候は、まさに水稲に適している。

水稲が大変収量が高い作物であることは古くから知られていて『国富論』を記したイギリスの経済学者であるアダム・スミスは、小麦に比べてはるかに大量の作物を生産すると述べている。単位面積当たりの収量でみると米は小麦の二倍にもなる。そのおもな理由は、水稲は水をベースに生育する点にある。水中にはリンが可給態と呼ばれる植物に吸収されやすいイオンの状態で存在する。一方、乾いた土ではリンの多くは鉄やアルミニウムと結合し、植物が吸収できる可給態のリンに乏しい。

水田稲作は休耕の必要がない

米は多くの畑作物と違い、連作できるという利点もある。稲作が毎年同じ場所で行われているのはよく見る光景であるが、畑作物ではそうはいかない。トマトやナス、キュウリなどの野菜は、同じ場所で繰り返し育てると病気の発生や栄養不足による発育不良が生じる。これは連作障害と呼ばれ、古くは厭地（いやち）とも呼ばれていた。中世のヨーロッパでは、連作障害を避けるため、小麦を数年耕作した場所では、そのあと五年ほど休耕し、耕作場所をローテーションしてきた。中学や高校の社会で習った三圃式農業は、それより少し後に登場した集約的な農業であるが、それでも三年に一回の休耕を余儀なくされた。

では、水田稲作はなぜ休耕の必要がないのだろうか。その秘密はやはり水中にあるようだ。まず、流れがなく温度が高い水田の水中は、酸素に乏しい嫌気環境になり、連作障害を引き起こす好気性（酸素を必要とする）微生物が死滅する。また、水中では嫌気性の微生物の発酵作用により、有機物の分解が促進され、植物が利用できる養分が随時補給される。さらに、水田で発生するラン藻類が空気中の窒素を固定し、それが水田土壌に蓄積され、イネの養分になっている。要するに、田んぼの水環境がイネを病害から守り、かつ養分不足を補っているのである。

面積当たりの生産量が多く、しかも連作できるというイネの優れた特徴は、農業経営や土地利用にも大きな影響を与えた。農業経営の規模が日本と西欧とではまったく違うことはよく知られている。二〇一五年の統計によれば、日本の農家一戸当たりの農地面積はおよそ二・五ヘクタールであるが、ドイツやフランスでは六〇ヘクタールにもなり、二〇倍も大きい。この違いは、平たんな地形で大規模な機械化が進んだことが大きな理由であるが、機械化が進むはるか前の一七世紀から一八世紀においても、やはり五倍ほどの違いがあった。これには、社会制度の違いも関わっていただろうが、やはり米と小麦という作物の違いが大きいと思われる。米では、面積当たりの生産量が二倍多いこと、連作が可能で休耕地を必要としないこと、この二つが狭い農地面積でも生活や経営が成り立っていたことを示唆している。

必然的なモザイクの成立

水田稲作が盛んなモンスーンアジアの国々でも、おしなべて経営面積は小さい。少し古い記録であるが、一九五〇年頃の韓国、中国南部、インドのボンベイ、フィリピンのいずれの国でも、一戸当たりの農地面積は一、二ヘクタールだった。当時の日本の経営面積もほぼ同程度である。文化も宗教も社会体制も、そしておそらく地形の制約条件も異なる地域で、こうした類似性が見られることは驚くべきであろう。その背景に、水田稲作の生産力の高さがあったと考えるのはごく自然である。

アジアでは一戸の農家が所有する農地面積が狭いだけでなく、田畑一枚（あるいは一区画）の面積も小さい。以下、これを圃場（ほじょう）と呼ぼう。最近の調査によると、日本、中国、韓国などの国々は、圃場サイズが小さく、全農地の約七割が〇・六ヘクタール以下の小規模なものである。傾斜地に広がる棚田では、〇・一ヘクタールほどの小規模のものも珍しくない。それに対し、北米やオーストラリアはもちろん、ヨーロッパでも一〇ヘクタール以上の圃場が多く、〇・六ヘクタール以下の農地はごくわずかしかない。

圃場サイズが小さいということは、それを取り囲む畔や土手があちこちに存在することを意味している。面積が小さいほど、その周囲長が相対的に長くなるからである。平たんな場所では畔の幅はごく狭いが、傾斜地では高低差がある土手が広がり、そこには草地ができる。大きな土手では、幅七から八メートル、長さ五〇メートル以上もの草地が圃場と圃場のあいだに存在している。農地の畔や土手の草地の面積を足し合わせると、全国の草原面積のじつに四割近くを占めているという試算もある。日本の里山では、緩やかな傾斜地に多数の農地と草地が組み合わさったモザイクが必然的に成立しているのである。

農家が経営する農地面積が小さければ、農地全体にも多様性が生まれる。圃場で何を作付けするかが農家ごと、あるいは圃場ごとに異なるからである。ある圃場は水田にし、別の圃場は畑にするかもしれない。そうした圃場の利用様式の違いは、里山景観のモザイク性をいっそう際立たせることになる。秋にソバを作付けする地域では、白いソバの花が咲き乱れる畑と、稲穂が黄金色に色づいた水田とが、モザイク状に配置している美しい光景を見ることができる。

多様な生態系での暮らし

子どもの頃、近所の原っぱにはバッタがたくさんいた。雑木林に行けばカブトムシやコクワガタ、ときには巨大なシロスジカミキリもいた。桑畑にはカマキリやクワコ（野生のカイコ）、田んぼにはミズスマシやタニシ、トノサマガエル［写真2－3］、土手にはノカンゾウやクサボケが咲いていた。段丘崖をくだったところにある溜め池には、三〇種近いトンボがいた［カラーvii］。家のヤナギにコムラサキの幼虫がいたことも、クロマツにアカモズが巣作りをしたこともあった。初秋になると庭のベンケイソウにウラギンヒョウモンやミドリヒョウモンが飛んできた。早朝には電線でクロツグミが毎日のように囀っていた。私の家は段丘面の住宅地にあり、のどかな里山とは言えなかったように思うが、それでも多様な生き物がいたことは確かである。

景観のモザイク性が高いことは、比較的狭い範囲に多様な生態系が詰まっていることを意味している。多様な生態系があれば、景観全体ではそれぞれの環境に適応した種が棲めるので、生物の多様性が高くなるのは必然である。だが、モザイク性の効果はそれだけではない。かなりの生物は、ある特定の生態系だけで生活を完結しているわけではなく、複数の生態系を必要としている。たとえば、カエルは幼生期にはオタマジャクシとして水中で暮らすが、変態して

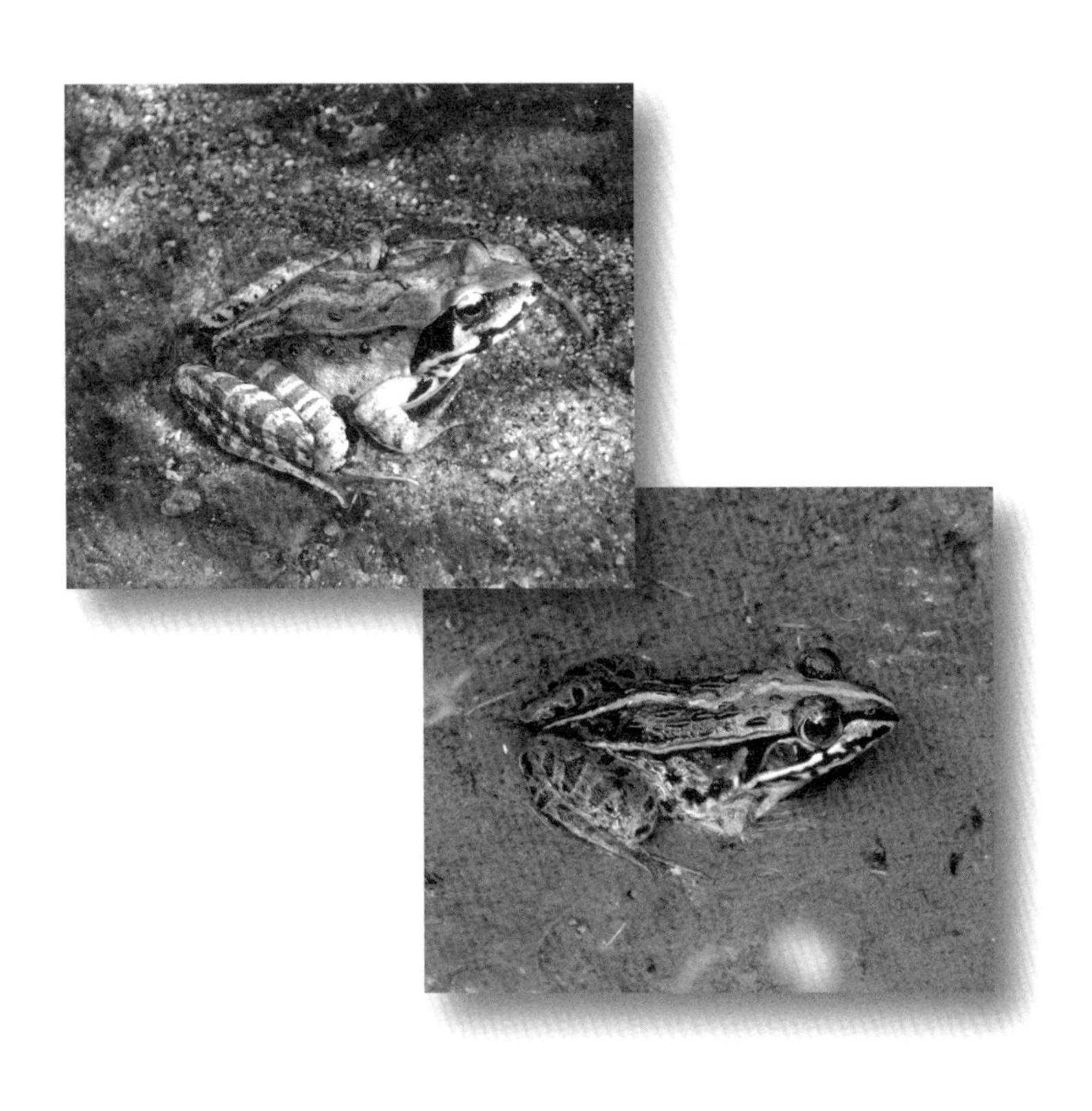

［写真2-3］▶**右は田んぼでよく見かけるトノサマガエル**　写真提供：米山富和
［写真2-4］▶**上はオタマジャクシから変態して陸上で暮らすようになるヤマアカガエル**
ヤマアカガエルやニホンアカガエルにとっては森林と水田の両方が、暮らしの場として必須。
写真提供：米山富和

成体になると陸上で暮らす。ニホンアカガエルやヤマアカガエル［写真2－4］は、早春に水田で産卵し、幼生期として六月頃まで水田で暮らし、変態して成体になると上陸して森林へ移動する。森林の地上で数年間過ごし、性成熟すると水田に戻ってきて産卵する。なので、森林と水田の組合せがないと生活をまっとうできない。また、水田と森林があっても、移動障壁ができると棲めなくなる。

農業の近代化で、水田の脇にある水路がコンクリートの三面張りになると、いつの間にかアカガエルがいなくなるという報告がある。アカガエルはアマガエル［カラーvii］のように指先に吸盤がないので、コンクリートの大きな水路に落ちると垂直な壁をよじ登れず、下流に流されて溺れ死ぬか、水路に水がなければそのまま死んでしまうからだ。見た目の環境に変化がなくても、ちょっとした環境改変で、生き物は姿を消すという事例である。

サシバの生息適地

サシバ［写真2－5］は猛禽類の一種で、里山の象徴種として有名である。サシバは早春に東南アジア方面から日本に渡来し、樹上に巣を作って繁殖の準備をする。しばらくのあいだは水田でカエルなどを盛んに餌にして暮らしている。イネの丈が高くなり、水田が使えなくなると森林に移動し、樹上でガの幼虫や甲虫などの大型昆虫を食べるようになる。だが水田が耕作放棄

［写真2-5］▶早春に東南アジアからやって来るサシバ
サシバの生息には、水田と雑木林の組合せこそが好ましい。　写真提供：米山富和

されるとサシバも姿を消してしまう。水田という湿地は、放棄すると数年もたてば乾いた藪に変遷する。サシバの餌となるカエルがいなくなるのは必然だろう。農地のアンダーユースは、食物連鎖を通して里山の象徴種たちを連鎖的に減らしてしまうのである。

もちろん、水田が圃場整備され、乾田化された水田でもカエルは減る。その典型は早春に水田で卵を産むアカガエルである。水田が水を満々と湛え、田植えの準備にとりかかるのは、四月後半である。アカガエルの産卵はそれよりずっと早い二月後半から三月なので、乾田化された水田には水はない。産卵ができなければ繁殖して子孫を残せないのは当然である。乾田化する前の里山の水田は、ヒトが意図的に田んぼに水を入れなくても、排水が不完全でところどころに水が溜まった。こうした浅くて水温が高い水たまりは、アカガエルの絶好の産卵地だったのである。

いっぽう、トノサマガエルやトウキョウダルマガエルは、五月の連休過ぎに産卵するので、田んぼはすでに水が入っていて、産卵については何の問題もない。だが、稲作には中干しと呼ばれる六月頃に一時的に水を抜く管理が行われる。中干しで田んぼを乾かすことで、イネの根の張りがよくなり土中に酸素を補給する役割があるらしい。この時期、アカガエルはすでに上陸済みだが、トノサマガエル類はまだオタマジャクシで田んぼに残っている。

同じことはアキアカネについても当てはまる。アキアカネはいわゆる赤とんぼのことで、秋の代名詞にもなっているが、ヤゴからトンボの成虫になるのは六月半ばである。その後、夏のあいだは山へ避暑に出かけ、秋になると性成熟して田んぼに戻ってくるので、秋を連想させるのである。ヤゴが残っている時期の中干しは当然大打撃になり、ネオニコチノイド系農薬の使用とともに、ここ二〇年来のアキアカネの減少要因とされている。トノサマガエル類やアキアカネを守るには、中干しの時期を二週間ほど遅らせればよい。実際、兵庫県の豊岡市では、そうした取組みを推奨していて、トノサマガエルやアキアカネが増えているらしい。

再びサシバについて話そう。水田と雑木林の組合せがサシバにとって好ましい生息地となることは、いまや里山の常識のようになっている。これは、私たちが研究を始める前からわかっていたことである。ところが、最近、九州などの西日本では田植えの時期が六月までずれ込み、サシバが水田を利用していない地域があることを知った。温暖な気候を生かし、早春に麦などの畑作を行い、稲作はそれが終わった初夏から始めるのである。水のない水田や麦畑には、もちろんカエルはいない。サシバの分布や行動を調べてみると、どうやら農地周辺の草地でキリギリスやバッタなどの大型昆虫を餌として依存していることがわかった。

東日本では森林と水田の境界部の広がりがサシバの生息適地だったが、西日本では森林と草地の境界の広がりが重要だったのである。東日本では、春はバッタの仲間は卵からまだ孵化していないか、いてもごく小さい幼体しかいない。だが温暖な北九州では、すでにキリギリスなどの大型昆虫がいて、草地の利用を可能にしていたのである。だが、東日本と同様、森林と農地など開放環境との組合せが、サシバの生息を可能にしているという共通点は変わらない。

モザイク性の恩恵を受けるのは、複数の生態系が必要な生物である。では、そうした生物は実際どれほどいるのだろうか。サシバやアカガエルはわかりやすい例であるが、もっと多くの種で調べなければ、それらが例外なのか、あるいは少なくないのかはわからない。私たちの研究室では、さまざまな生物を対象に、景観の特徴と生物の種数や個体数の関係を調べてきた。次に、そのいくつかの例を挙げよう。

モザイク性と鳥類

シチズン・サイエンティストの調査が明かす

私たちは、かつて日本全国で行われている里山の鳥類調査データを使って、どんな景観にどんな鳥が棲むかを分析したことがある。環境省が主導する「モニタリングサイト一〇〇〇里地調査」というプロジェクト（俗にモニセンと呼ぶ）で、地域の市民科学者たちが収集したデータである。全国の一〇〇〇か所で生物のモニタリング（継続調査）をするという目標から名付けられたプロジェクトである。

里山の調査地の数は一〇〇〇よりはるかに少ないが、それでも全国で三〇〇か所以上の地域で調査が行われてきた。それぞれの調査地では一キロメートルの距離を調査者が歩いて、出現した鳥を記録する、いわゆるライン・トランセクト調査が行われている。市民科学者というのは、おもにアマチュア研究者たちで、地域で長年鳥の観察をしている。英語では、シチズン・サイエンティストと呼ばれ、日本でもカタカナの用語が定着し始めている。私たちが分析したのは調査開始時の二〇〇四年から二〇〇九年までのデータで少し古いが、論文を提出したのが二〇一四年当時なので、致し方ない。

分析の結果、まず鳥の種数は、調査ルートから三キロメートル以内の土地利用が森林と開放環境（農地と草地の合計）が六対四ほどの比率である場所で最大になることがわかった。まさに里山のモザイク的な環境で鳥の種数が多いことを意味している。だが、それには二通りの解釈がある。一つはモザイク性自体を好む種が多いから、もう一つは森林と開放環境のどちらかを好む種がともに棲んでいるために両方の環境を含むモザイク景観で種数が豊富になったから、というものである。前者を「モザイク選好種」、後者は「森林選好種と農地・草原選好種」、と呼ぶことにする。

それを区別するには、各種が好む環境をべつべつに評価しなくてはならない。種の好みは、個体数で評価できるはずである。分析の結果、どうやら上記二つの解釈の双方が関係していることが分かった。つまり、モザイク選好種は全体の二五パーセントほどで、森林選好種と農地・草原選好種はそれぞれ三〇パーセント前後を占めていた。モザイク選好種には、鳥好きの人なら納得いく種が多く含まれていた。サシバはもちろん、キジ、ウグイス、ホオジロ、ホトトギス［写真2―6］、メジロなど、古くから季語や民話に登場する鳥たちである。また、雑木林で見られるキビタキやサンコウチョウといったやや希少な種も含まれていた。繁殖は森で行うが、奥山ではなく里山にいるからだろう。

いっぽう、スズメ、ムクドリ、キジバト、ハシボソガラス、ハクセキレイなどの普通種は、農地・草原選好種であり、モザイク性とは直接関係しないグループである。ヒヨドリ、キセキレイ、カケス、クロツグミなどは里山景観では珍しくないが、森林選好種であり、モザイク性自体に応答しているわけではないことが分かった。まとめると、モザイク性の高い里山景観では、モザイク選好種が多いこと、それに森林選好種と農地・草原選好種が加わることで、トータルとしての鳥類の多様性が高くなっていたのである。

里山の生物多様性

ただし、モザイク性の意義をあまり強調しすぎることは望ましくない。その理由はいくつかあるが、森林や草原を好む種にとって、モザイク性は森林や草原など本来の生息地の分断化を意

［写真2-6］▶**5月中旬に渡来するホトトギス**
日本では「夏鳥」として親しまれ、古くから短歌や民話に登場するホトトギスはモザイク選好種。
写真提供：吉村正則

味するからである。先ほどの鳥の解析をさらに進めたところ、日本列島で分布域の狭い種、とくに寒冷地に棲む種では、農地・草原選好種が多いことが分かった。これらの種にはモザイク性が重要なのではなく、明るい草原的環境が広大に残ることの方が重要なのだ。

里山には、明るい林や水田、草地などに適応した多種多様な種がいるため、トータルとして種の多様性が高いことは確かである。だが、広大な森林や草原があって初めて棲める種もいることも確かである。そうした種は、国立公園などの保護区で守られる種なのかもしれない。里山はそうした特別な地域ではなく、見た目では何の変哲もない田舎である。

人間が長年適度な撹乱を与え続けてきた異質性が、結果的に高い景観のモザイク性を生みだし、それが人と距離の近い環境に棲む多様な生物を育んできたのである。人と距離が近いほど、無意識のうちにアンダーユースやオーバーユースの悪影響を受けやすい。そこに棲む生物の保全は、規制型の保護の思想とは違った、モザイク性の特徴を生かした人の営みと保全を両立させる取組みが重要になるのである。

里山と野生動物

動物たちの昔話

昭和の中頃、高度経済成長に沸いていた日本列島では、ヒト以外の哺乳類、とくにシカ、イノシシ、タヌキ、キツネを野外で見かけることはほとんどなかった。タヌキやキツネは民話の生き物で、古き良き時代の象徴のようなものだった。シカは一時、長野県から絶滅するのではないかと危惧されていたらしい。イノシシも似たような状況で、山沿いに江戸時代に築かれたシシ垣と呼ばれる長大な構造物があって、農作物の被害を防いでいたという昔話を聞いた覚えがある。リアルタイムでは、山でサルに石を投げつけられたとか、河原をツキノワグマが闊歩していたとか、ヒノキの苗がニホンカモシカに食害されたといった単発の話を聞く程度だった。

動物の昔話と言えば、椋鳩十（むくはとじゅう）の動物記が有名である。日本のシートンともいえる椋は、長野県飯田市に隣接する喬木（たかぎ）村の出身で、小学校の図書館にあった『月の輪グマ』、『片耳の大鹿』、『大空に生きる』、『アルプスの猛犬』などをむさぼり読んだ。『大造じいさんとガン』は国語の教科書にも載っていた。その多くが伊那谷の動物語りで、フィクションにノンフィクションを交えた動物文学だった。ちなみに、『アルプスの猛犬』は明治期の南アルプス山麓における人と山犬（ニホンオオカミ）の友情話だったと記憶している。

いつしかイノシシやシカも駆除の対象に

私が大学で生態学の研究を始めた当時でも、哺乳類の研究はデータが取れないからという理由で取り組む人は少なかった。当時、宮崎学という長野県駒ケ根市在住の動物写真家が自動撮影カメラで撮った哺乳類の迫力ある写真集がナチュラリストには人気で、私もいつか実物をこの目で見たいと思っていた。大学院での研究テーマを哺乳類としてできないものかと悩んだ時期もあったが、観察できる見通しがたたないのであきらめた。

ところが、昭和末期あたりから全国でシカが増え始め、その後を追うようにイノシシも増えてきた。タヌキも都市部に進出し、最近では一度関東平野から姿を消しかけていたキツネも大河川沿いに分布を広げているようだ。そしていまや保護の対象から、駆除の対象になった種も少なくない。シカが生態系に与える影響は甚大であるし、イノシシは農作物被害が激しく、里山の耕作放棄の原因にもなっている。

多くの生物が減少し、絶滅さえ危惧されている反面、野生動物はなぜこれほどにまで増えてきたのだろうか？　考えるほどに不思議であるが、私なりの経験も踏まえてこの問いに答えてみよう。

房総のシカ

わずか五、六年での急変

千葉県の南部は房総半島と呼ばれている。江戸時代まで上総国(かずさのくに)と安房国(あわのくに)だったことから房総と名づけられた。この地域は南下するにつれ丘陵地から山地になり、南端は冬でも温暖な館山や鴨川に至る。江戸時代、千葉県には北部の下総(しもうさ)台地も含めて、さまざまな野生動物が棲んでいた。シカやイノシシはもちろん、ニホンオオカミ、ツキノワグマの記録もあった。南房総の嶺岡では、享保年間に日本で最初の酪農が始まった。当時は、南房総にも相当な数のオオカミがいたらしく、牛馬への被害が甚大で、盛んに駆除が行われた。だが明治以降、オオカミやクマはもちろん、シカやイノシシも激減し、戦後になるとイノシシはほぼ絶滅、シカも南部の森林地帯に数十頭が残るのみになったらしい。

私が卒業論文の調査で房総に通っていた一九八〇年代初頭は、秋にシカの声を一度だけ聞いたが、姿はまったく見かけなかった。ところが、そのわずか五、六年後、ひさびさに南房総を訪れると、シカがあちこちで見られ、シカに寄生するヤマビルも増えて大変な状況になっていた。一九九〇年代になると森林の下層の植生が衰退し、森のなかはスカスカになっていた。シカが増えすぎて低木や草本の食い尽くしが起き始めたからだ。この地域はシイやカシなどの照葉樹からなる森で、下層にはアオキやヒサカキ、各種シダ類が繁茂していたが、それらの多くが消滅し、残されたのは味の悪い化学物質を含むシロダモ、イズセンリョウ［写真2−7］、葉の硬いカナワラビ、棘だらけのアリドオシ［写真2−8］など、ひと癖ある植物だけに限られてしまった。昔、農家が牛の餌にしていたほどたくさんあったアオキはシカの好物で、シカがアクセスできない崖にわずかに残るだけになった。

土壌や人の健康へのリスク

シカはただ森の下層植物を減らすだけではない。むき出しになった森の地面には、雨が降れば樹上から大量の水滴が地面を叩きつける。たかが雨滴と思うかもしれないが、地上一〇から二〇メートルの枝葉でいったん保持され、そこで大粒になった水滴が落下するエネルギーはかなりのものである。直径五ミリの雨滴が一〇メートルの高さから地上に落下するときの速度は、秒速一〇メートル（時速三六キロメートル）にもなるらしい。それが絶え間なく地面に降り注ぐのだから、その効果は推して知るべしだろう。

土壌表面を覆う落ち葉や植物がなければ、雨滴の圧力で土は緊密化する。森の土壌は、ふつう大小の孔隙と呼ばれる小さな隙間があり、そこを通って水は浸透する。だが土壌が緊密化すると孔隙は押しつぶされ、雨水の浸透能力は低下する。すると雨水の多くは表面を流れるよう

［写真2−7］▶**上はシカの食い尽くしからも逃れるイズセンリョウ**
イズセンリョウの葉や根は薬用とされ、関東南部以西に分布する。　写真提供：鈴木 牧
［写真2−8］▶**アリドオシはアカネ科の常緑小低木**
暖帯山地の木陰に生える。名前は「アリでも刺し貫く」ほどの鋭いトゲをもつことによる。　写真提供：月島／PIXTA

になる。
日本の森林の多くは急傾斜地にあるので、雨水とともに表面の土が流れだし、土壌浸食が起こるのである。もちろん、増えたシカ自身の踏みつけにより、土壌への影響はさらに強まるだろう。シカによる植物の減少は、こうした複雑なプロセスを経て森林の土壌を劣化させる。シカの密度が高かった場所では、駆除で数が減ったとしても、植生はすぐには回復しない。土壌が劣化したままの状態で後々まで残り、植物の定着を阻害していることが理由の一つらしい。これは「履歴効果」と呼ばれている。その効果がどれほど持続するかはよくわかっていないが、房総のシカが減った地域では、一〇年以上前の高密度だった時代の影響をいまだ引きずっているという報告がある。

シカはさらに人間の健康にも間接的なリスクをもたらすことがある。その代表例は、日本紅斑熱（JSF）と重症熱性血小板減少症候群（SFTS）である。両者とも近年患者が増えていて、罹患すると発熱や肝障害、そして時には死に至ることもある厄介な人獣共通感染症である。これらの疾病は、吸血性のマダニが媒介する病原体（JSFはリケッチャ、SFTSはウイルス）が引き起こす。ウイルスは新型コロナの影響であまりにも有名になったが、リケッチャの知名度はやや低い。だが、ツツガムシ病といえばピンとくるだろう。ツツガムシもダニの一種で、それに寄生するリケッチャが疾患を引き起こす。「つつがなく」という語句は無事息災で、という意味だが、語源は「ツツガムシがいない」だった。万葉集の歌にも読まれており、昔はそれほど恐ろしい病気だったのだ。

日本紅斑熱はツツガムシ病と症状がよく似ているが、日本ではつい四〇年ほど前に発見された。房総半島では、一九八七年に最初の日本紅斑熱が報告され、この地域でシカが増え始めたときと軌を一にしている。

現在では、房総半島中部以南で毎年のように患者が報告されている。房総の日本紅斑熱の患者の発生は、シカの増加と並行して増えてきた。詳しい分析によると、市町村の患者数は、その地域に生息するシカの密度と強い相関があり、イノシシとの相関は弱いらしい。別の地域で行われた調査によれば、林縁の草むらに棲むマダニの密度は、その付近に生息しているシカの密度と相関しているという。シカ→マダニ→人間（日本紅斑熱）、という連鎖関係は確かなようだ。だがイノシシやほかの動物ではなく、なぜマダニがシカを好むのかは謎である。

妊娠率は林縁の長さによる

森林の下草を食べつくしてしまえば、シカ自体も餌に困るのではないか、そう考えるのはごく当然なことである。生物に共通して言えることだが、餌不足はやがて繁殖率の低下を招き、個体数が減少に転じるはずである。この仮説を確かめるには、餌が枯渇している地域とそうでない地域で、シカの繁殖率を調べればよい。

私たちが房総でシカの研究プロジェクトをしていた二〇〇〇年代半ば、房総半島ではまだシカが侵入したばかりの地域があり、そこでは下層植生がかなり残っていた。またシカの有害駆除が進められていて、自治体で駆除したシカの捕獲地点や個体の妊娠情報のデータがとられていた。そこで、多数の森林を対象に下層植生の綿密な調査を行い、植生量とシカの妊娠率の関係を調べることにした。ただ、シカは常時森林の中で暮らしているわけではない。人の活動が少なくなる夕方から夜には、道路沿いや農地沿いの草地に現れて餌を食べる姿をよく見かける。林内と違って、林外の植生量を調べるのは労力的に無理があったので、こちらは地図情報から林縁の量（正確には林縁長）を抽出し、シカが利用できる開放環境の指標にすることにした。いわゆるＧＩＳ（地理情報システム）を使った分析である。いまでは高校生でも使っている人がいるが、当時はそこそこの先端技術だった。

驚いたことに、雌ジカの妊娠の有無は、捕獲地点付近の森林の植生量とはまったく関係が見られなかった。つまり、シカは森林内の植生が減ってもエサ不足に陥ることはなかったのである。だが、妊娠率は林縁の長さと明らかな関係があった。分析によると、捕獲地点を起点に一ヘクタールに一〇〇メートルの林縁があれば妊娠率はほぼ一〇〇パーセントだが、それ以下になると妊娠率は五〇パーセントほどに急減した。

これらの結果は非常に示唆に富んでいる。まず、シカは数が増えて林内の植生を食べつくしても、付近に林縁が十分あれば餌に困ることはなく妊娠率を維持できる。林外の草地は、太陽が豊富に降り注ぎ、シカが食べきれないほどの餌がつねにあるからだろう。庭や畑の草むしりをしても、半月もすれば草ぼうぼうに戻るのと同じである。シカの数を制限するのは、シカ自身の密度ではなく、人間の土地利用しだいで決まる林縁の量だったのである。

林縁の一部は、雨による土砂崩れや河川の氾濫など、自然の攪乱によることもあるが、大半は農地や道路など、人間の開発で造られる。牧草地の造成は最たるもので、シカの餌場をわざわざ造っているようなものだ。だが、土地造成地だけがシカを増やす背景要因とは考えにくい。

問題は里山のアンダーユースと温暖化

里山は昔から景観のモザイク性が高く、そもそも林縁が豊富な地域である。近年のシカの増加には開発だけでなく、その逆のアンダーユースも深く関わっているに違いない。最近、山間地での人口縮退が野生動物を増やし、さまざまな問題を起こしているという話題を耳にする。人口減少に加え、営農活動の衰退も大きな要因である。日本では耕作放棄地が急増しており、山間部では谷の水田や畑が丸ごと放棄されることもある。人や犬の気配がない耕作放棄地は、シカなど野生動物にとっては怖いものなしの天国である。

だが林縁が多い地域だからといって、シカが無限に増えられるわけではない。餌が制限なく得られても、過密になれば個体同士の軋轢が起きる。余剰個体は周辺地域へ移動するはずだ。高密度地域ではその状態が維持されたまま、周辺地域への分布がしだいに拡大していくのであろう。

シカの増加は標高二五〇〇メートルを超える高山帯でも問題になっている［図2-9］。南アルプスでは、二〇〇〇年代からお花畑がシカに食害され始め、わずか数年で壊滅状態になった場所もある。最近は、より寒冷な北アルプスでも目撃が相次ぎ、食害が始まっている。温暖化による雪解け時期が早まったこともあるが、低地で増えたシカが高標高地へあふれ出してきたことが最大の原因に違いない。高山帯は気温も低く風も強い過酷な環境であるので、高山植物

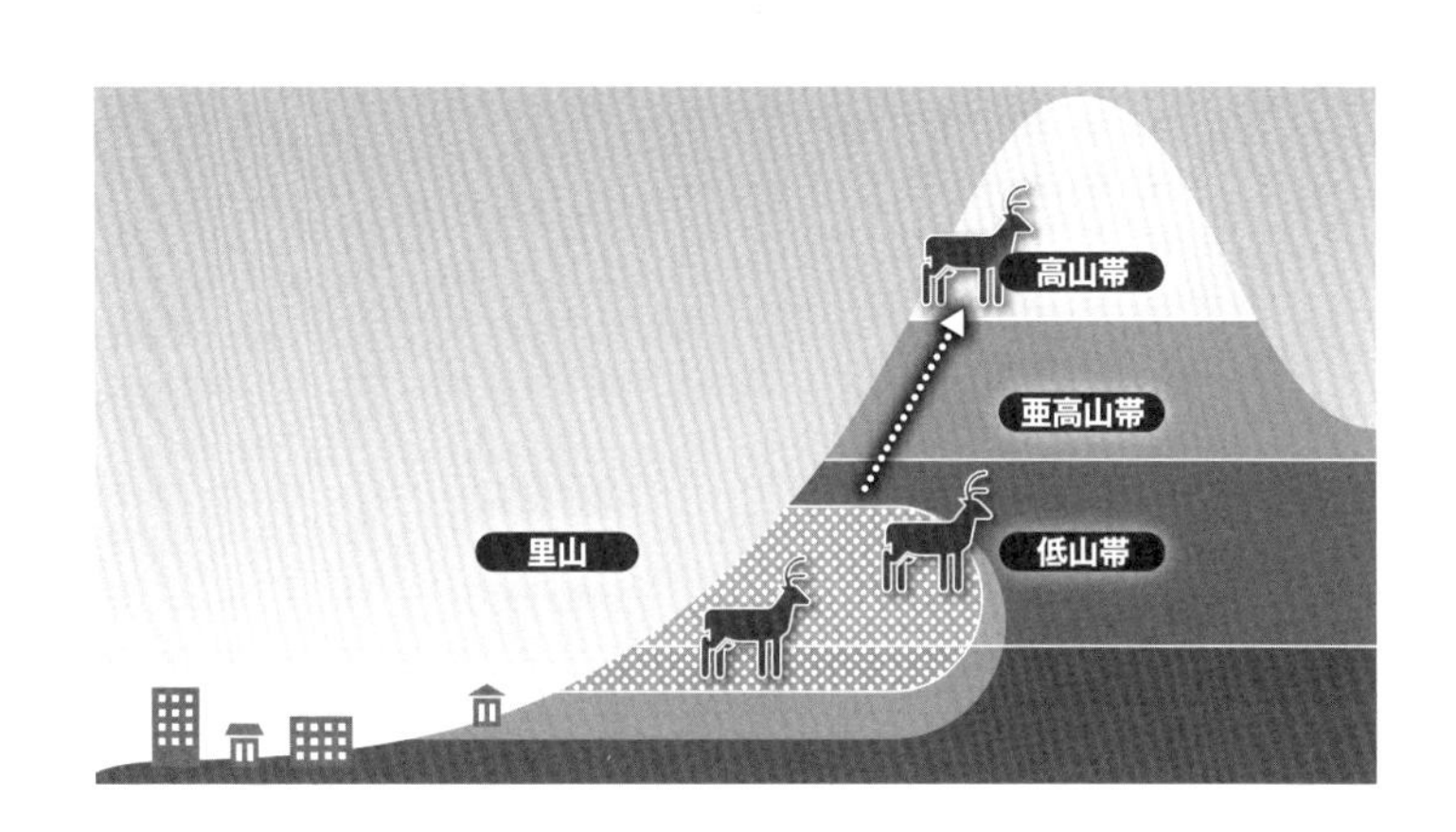

［図2-9］▶**シカが高山帯へ進出した模式図**
里山など低地で増えたシカが周囲に拡散し、温暖化で雪解けが早まった高山帯へ進出した様子を示している。

は一度シカに食べられると、農地の雑草と違って容易に回復できない。継続的に採食を受ければ、簡単に滅びてしまうだろう。それを防ぐ対処療法は、柵でお花畑を囲うしかない。高山帯で起きているシカ被害も、もとをただせば里山で増えたシカが遠因といえる。

さて、ここまでくれば、「野生動物はなぜ増えたのだろうか？」の答えは見えてきたと思う。明治期以降に盛んに行われた狩猟で数が減ったが、その後の社会情勢の変化で狩猟圧が減り、増加に転じたのは疑いない。だが、近年の著しい増加は、人と自然の関係性の変化も深く関わっている。

里山はもともとモザイク性の高い景観で、野生動物にとっても好ましい環境であるに違いない。シカに限らず、野生動物の多くは日中は森で過ごしているが、夕方や夜になると農地周辺の草地や荒れ地に出てきて餌を食べる。ところが耕作放棄が進み、居住者も少なくなった里山では、日中でも堂々と開放空間に出てくるようになる。人間活動が盛んだった頃、餌が多い環境へ野生動物は容易に侵入できなかったのだが、現在はそうではなくなった。実際、東日本大震災で無居住化した地域では、イノシシなどが我がもの顔で人家周辺を闊歩している。人間活動のない開放環境は、野生動物を増やすには絶好の環境である。

見かけ上、里山のモザイク性は維持されているように見えるが、人間活動の衰退により、個々の生態系は質的に大きく変化した。人為を脅威としてきた野生動物が、里山のモザイク構造を十分に享受できるようになり、増えてきたというシナリオは疑いない。一方、管理されなくなった里山では、明るい雑木林が減り、草丈の低い明るい草原も、水を湛えた湿地としての水田も減った。それは、草原性の植物や蝶、湿地を好むカエルや水生昆虫、そして食物連鎖の頂点にいるサシバに打撃を与えることになった。里山のアンダーユースは、絶滅危惧種をつくりだした反面、野生動物問題をも引き起こしたのである。

里山の外来種

外来種問題の本質の解明へ

私は一九九〇年代後半から外来種を題材にした研究を始めた。その頃、日本でも外来種問題がクローズアップされ始めたことも理由であるが、もっと単純に、生物種どうしの相互作用を明らかにするうえで、外来種こそが好材料と思ったからだった。

当時、外来種は問答無用に悪者扱いされていたので、種間関係の題材としての外来種の研究をするなど不謹慎である、という意見もあった。だが私は、外来種問題の本質的な仕組みを解き明かすことは、課題解決にも役立つはずだという、あまり根拠のない信念のようなものをもっていた。いまとなっては、それは正しかった。

まず、学生だったM君が埼玉県中部の滑川（なめりかわ）町に点在する溜め池で、外来種と在来種の関係を調べ始めた。この時代、ブラックバスやブルーギル問題が全国的に大きく取り上げられていたが、在来種の減少への影響については状況証拠の段階で、まだ実証にまで至っていなかった。滑川町の利点は、多数の溜め池があることに加え、国営の武蔵丘陵森林公園という広大な敷地があり、そこにはまだブラックバスやブルーギル（以下、外来魚）が侵入していない池があることだった。要は、外来種がいる池といない池で、在来生物の種数や個体数（群集構造という）を比較できるメリットがあったのだ。

まず外来魚がいる池では、スジエビ、ヨシノボリ、モツゴなど、在来のエビや小魚が激減し、シオカラトンボも減っていた。また外来種のアメリカザリガニ（以下、ザリガニ）も減っていた。一方で、池の底に棲んでいるイトミミズやユスリカの幼虫、そして水草であるヒシは、逆に増えていた。減るのは想定内だが、増える生物がいたのは想定外だった。だがその理由は、生態学者にとって難しい謎ではなかった。

「敵の敵は味方」という表現がある。戦国時代の武将同士、あるいは現代の国家間では、この論理で同盟を結ぶことは珍しくない。生態系でもよくある話で、農作物にとって害虫（たとえばアオムシ）は敵、害虫にとって天敵（たとえばクモや寄生バチ）は敵、ゆえに「農作物にとって天敵は味方」、という三段論法である。溜め池の例でいえば、底生生物にとって、外来魚は敵である小魚やザリガニを食べてくれる「味方」というわけだ。ところが、ヒシは植物なので直接の敵は何なのだろうか。数の多さから見ると、それはザリガニに間違いないと思った。

当時、ザリガニが雑食であることはそれほど知られていなかったが、水草への影響は海外では報告があった。のちの私たちの研究で、ザリガニは食べるためよりも、動物質の餌を捕らえやすくするために水草を刈っていることが分かったが、ここではその詳細は省く。ともかくザリガニは水草を刈るのである。水草にとって、ザリガニを食べる外来魚は味方だったのだ。この推測は、溜め池から外来魚を丸ごと取り除く実験で明確になった。いまでは民放のテレビ番組で似たタイトルの番組があるが、ひょっとすると私たちの研究が最初だったのかもしれない。予想どおり、外来魚を除くと翌年からザリガニは大発生し、ヒシは急減した。その結果については、某出版社の高校の教科書「生物」（4単位）にも掲載されている。

溜め池のザリガニ

ところが話はこれで終わらない。次なる謎は、外来魚がいない池では、ザリガニは増えたまま数がいっこうに減らないことである。ザリガニが増えすぎると底生生物が激減し、中型の水生昆虫もめっきり減ってしまう。むろん、餌生物が全滅するわけではないが、ザリガニの数があまりに多く、とてもそれを賄えるだけの小動物がいるようには見えないのである。

当時、北海道大学の研究グループが、森林から小渓流への落葉の流入が、渓流の食物連鎖を支えているという研究成果を発表して注目を集めていた。これにヒントを得て、溜め池のザリガニも周辺の雑木林から流入する大量の落ち葉に支えられている、という仮説を立てた。私たちは、ザリガニの胃内容物を調べること、体組織の安定同位体（炭素と窒素の同位体）を調べること、そして落ち葉の流入量とザリガニの個体数の関係を調べること、これら三つの調査を実施した。

滑川町には、周囲のほぼすべてが雑木林に囲まれた溜め池から、農地がほとんどで林が隣接しない溜め池まで、さまざまなタイプが存在していた。私たちは、溜め池に入る落ち葉量を変える実験をする代わりに、周辺の林から流入する落ち葉の量が違う溜め池を選び、その環境の違いを生かして、落ち葉量がザリガニへ与える影響を調べたのである［図2-10］。

ただし、一口に落ち葉の量を調べると言っても、その作業は容易ではない。池へ直接降り注ぐ落ち葉については、水面に大型の笊（ざる）をたくさん置いて定期的に落ち葉を回収し、地面伝いに雨などで流入する落ち葉については、池の縁のあちこちにサッカーネットのような網を設置して落ち葉を収集した。それを多数の溜め池で繰り返すのだから大変な作業である。学生のK君の頑張り抜きにはできないことだった。

その結果を簡単に述べると、森林に囲まれている溜め池ほど、ザリガニの胃の中に占める落

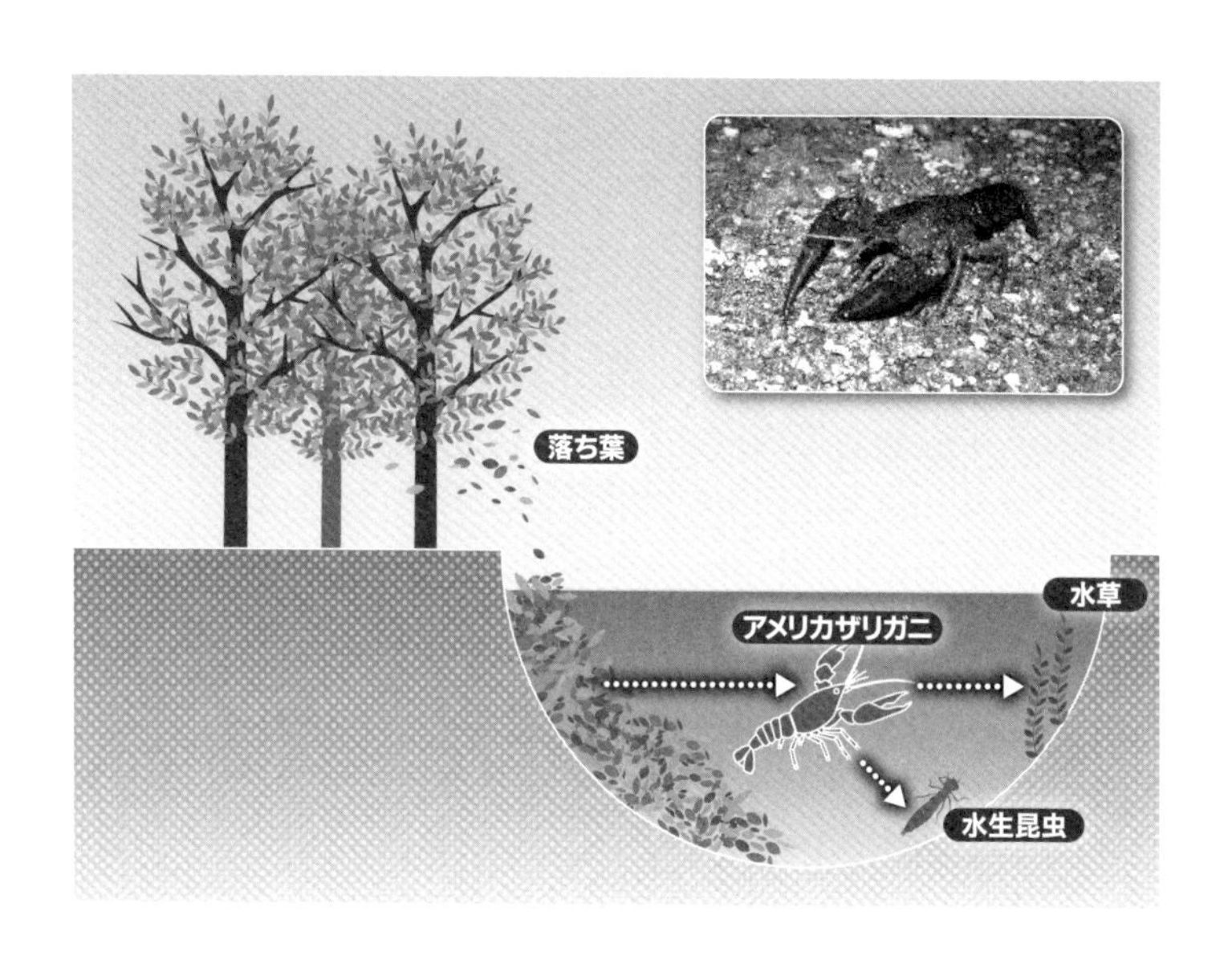

［図2−10］▶溜め池でアメリカザリガニが増えたまま減らないことを示す模式図
池の中の水草や水生昆虫を食い尽くしても、外から流入する落ち葉で餌には困らない。
写真提供：小林頼太

ち葉の割合が高い。体組織が落ち葉由来の物質で占められる割合が高く、池の中のザリガニの密度が高いことがわかった。つまり、ザリガニは溜め池の中の小動物や水草をほぼ食べつくしても、落ち葉やそれに付着する微生物を食べて高密度を維持していることが推測されたのである。落ち葉や微生物は、動物質の餌に比べて栄養価は低いが、溜め池には消費しきれないほど大量に存在する。もちろん、池の中でいくら消費したところで、秋にはそれとは無関係に大量の落ち葉が流入する。溜め池から水草や水生動物がいなくなっても、ザリガニが高密度で居座り続けるしくみが解けたのである。

こうしたザリガニの大量発生は、日本各地で報告されている。静岡県磐田市にある桶ヶ谷沼[写真2―11]は、いまでは日本で数か所しかない日本最大のベッコウトンボ[写真2―12]の生息地である。ここでも一九九〇年代末にザリガニが大発生し、そのまま数を減じることなく現在に至っている。ザリガニの影響でトンボ類が激減し、ベッコウトンボも池の外に作ったザリガニ排除の大きな水槽で辛うじて生きながらえている。

どこの溜め池も同じであるが、昭和中期まで、溜め池の周囲の林は明るい落葉樹かアカマツの林だった。昔の航空写真を見ると、桶ヶ谷沼も周囲は背の低いアカマツ林が優占していた。だが、現在ではシイをはじめとする照葉樹の森に覆われ、池の縁には大量の落ち葉が堆積している。林を生活のために利用しなくなったからだろう。昔は、溜め池そのものも人為で管理さ

［写真2−11］▶**静岡県磐田市の豊かな自然に恵まれた桶ヶ谷沼**
全国でも有数のトンボの楽園である。　写真提供：保崎有香
［写真2−12］▶**翅を広げた大きさは約7cmになるベッコウトンボ**
国内では静岡県の桶ヶ谷沼が有名、山口県、九州に分布するが現在は絶滅危惧IA類（環境省第4次レッドリスト）に分類されている。　写真提供：保崎有香

れていた。底にたまった落ち葉や泥をさらう作業を毎年のように行ってきた。これは池の構造を保つことや、池の魚介類を食する習慣があったためらしい。水田に引く用水の価値も低下し、溜め池の管理が放棄されたことも落ち葉の堆積の一因である。

雑木林と溜め池は、おそらく古来、落ち葉というエネルギーや物質の流入を通して適度につながっていた。溜め池も里山の構成要素とすれば、やはり雑木林とのモザイク性が水生昆虫や両生類などの生息を可能にしていたに違いない。だが、いまは雑木林と溜め池の双方で管理がなくなり、池の底には落ち葉やその腐植物が大量に堆積している。そこへ外来種としてのアメリカザリガニが入り込み、繁栄している。それは在来種との共存ではなく、在来種を駆逐して独り勝ちし、周囲からほぼ無限に流入する落ち葉で支えられているという、歴史的にあり得なかった生態系の姿である。

溜め池を含む湿地などでは、近年、周辺の林の管理放棄による水量が減っていることも問題視されている。山間部の溜め池は、もともと湧水でできた湿地の下流側に堤防を造り、完成させた経緯があるので、溜め池も湧水湿地の一形態とみなすことができる。雑木林を管理放棄すると、樹が成長して二〇メートルもの林が成立する。よく森林は水を貯える機能がある、と言われるが、話はそれほど単純ではない。たしかに大雨が降ったときには、森林に降った雨は土壌中にいったん蓄えられるので、河川の水量が一気に増えることはない。つまり、水量の安定供給に重要な役割を果たしている。

だが、基本的に湧水の量を減少させている。その仕組みは二種類に分けられる。まず、樹木は大量の水を根から吸い上げ、大気中に水蒸気として放散している。これは蒸散と呼ばれる作用で、高校の教科書などでも紹介されている。さらに、樹木の葉や枝、幹にトラップされた水は、地面に浸透する前に蒸発し、やはり大気中へと放出される。この二重の仕組みにより、若い林から高齢の林になると、下流域の溜め池や湿地の水量が減るのである。桶ヶ谷沼では水量が減ったことも、落ち葉流入による富栄養化を促し、ザリガニにとって棲みやすい環境に変えた一因と思われる。溜め池と森林の関係は、いくつものルートを通して、池の中の希少種や外来種に影響を与えていたのである。

生息地のネットワーク

生物多様性の保全へ

最近、あちこちで生物の生息地をネットワークで考えようというアイディアが流行っている。たとえば、国交省が推進している南関東エコロジカル・ネットワーク構想はわかりやすい。

都市化の進行による生態系の劣化に対する解決策として、水辺や緑地を保全・再生し、それらのネットワークを形成することで、生物多様性の保全をめざしている。ここでは、とくにコウノトリやトキのように広域を移動し、食物連鎖の頂点にいる、豊かな生態系を象徴する指標生物を旗印に掲げている。飛び石状の生息地が、生物の移動によってネットワークとしてつながり、広がりをもったスケールで保全が可能になるという発想である。都市のビルの屋上にビオトープを造り、昆虫が棲める環境をネットワークで広げようという考えも同じである。

生態系のネットワークというと、別の意味もある。それは食物連鎖や、送粉共生などのネットワークであり、まとめて種間関係のネットワークと呼ばれている。これは空間的な広がりやつながりを意味しているわけではなく、生物種同士の複雑な関係性をそう呼んでいる。じつは、生息地ネットワークと種間関係のネットワークは深く関係しているが、ここでは前者のみに注視しよう。

ネットワークの定義

里山に例を取って考えてみよう。これまで紹介してきた水田と森林の関係、溜め池と森林の関係などは、「つながり」を重視しているが、ネットワークとは言わない。断片化された多数の生息地の存在を前提としていないからである。また、ネットワークで扱う生息地は、溜め池どうし、草地どうし、あるいは断片化した森林どうしなど、同質のものがふつうである。たとえば、里山の草地に棲む蝶や、溜め池に棲むトンボは、点在する草地や溜め池をわたり歩いてネットワークとして利用している。

下総台地のジャノメチョウ

マークして移動を推定

千葉県北部には下総台地が広がっている。利根川や江戸川、その支流がつくった低地もあるが、多くは標高二〇から四〇メートルほどのなだらかな起伏が続く台地である。ここには江戸時代まで、「牧（まき）」が一面に広がっていた。牧では主に馬を放牧していたが、いまの牧場のような一面の草原ではなく、背の低いアカマツやクヌギなどの灌木林が点在する疎林的な環境だったらしい。草山や柴山に近かったのかもしれない。馬は半野生状態で自然繁殖し、ときどき捕獲され売買されていた。牧の境界部には、土手や堀が延々と築かれ、馬が逃げ出さないようにしていた。

下総台地には牧の名残の草地や雑木林、そして畑が広がっていたが、高度経済成長期には首都圏のベッドタウンとして急ピッチで開発が進んだ。東京から成田への通り道という役割もあっただろう。下総台地にはいまでも点々と草地が残っていて、地域住民が主体となった保全活動が盛んである。そこには希少な草本植物も残っているが、私たちはジャノメチョウ［写真2−13］という大型の草原性の蝶に注目した。それにはいくつかの理由がある。まず、この蝶は大型で目立つので、素人でも採集が容易である。また、草の少し上をゆっくりと飛翔するので、容易に生息の有無を確認できる。また場所によっては非常に多数の個体が発生するため、データ数の点からも申し分ない。もっとも多い場所では、地べたに座りながらでも、わずか一〇分ほどで一〇〇匹以上の個体を採集し、翅にマジックで個体識別用の印（マーク）をつけて放す作業ができた。多数の個体でマークができれば、どの個体がどの草地からどの草地へ移動したかが推定できるのである。

ジャノメチョウが棲む草地［写真2−14］は、白井市と印西市に集中していた。個々の草地は大きくても〇・六ヘクタールほどの面積だが、都市近郊にしては比較的まとまった面積があった。四キロメートル四方の範囲に点在する一一か所の草地で、成虫が発生する六月下旬から八月中旬まで、週一回ほど調査した。採集してマークした数は合計で二六〇〇匹、繰り返して採集した数を含めると四〇〇〇匹にも及んだ。しかも、この数は雌のみで、雄も同数近くマークしたが、時間切れで分析は雌しかできなかった。同じ種の蝶をこれほどたくさんマークするなど、正気の沙汰ではないかもしれない。事実、これほどの数は世界でもほとんど見かけない。学生のAさんがリーダーシップをとり、計四〇人近い人たちを集めての成果である。

[写真2−13]▶個体識別用のマークを付けたジャノメチョウ
マーキングにより、移動の状況を調査する。　写真提供:明星亜理紗
[写真2−14]▶ジャノメチョウが暮らす北総の草地
ジャノメチョウは時に数キロ離れた草地へ移動する。　写真提供:筆者

マークした個体は同じ草地にとどまることが多いが、離れた草地で採集されることもしばしばあった。移動の多くは一キロメートル以内だったが、四キロメートル離れた草地で再捕獲されたこともあった。おそらく畑や森、宅地の周囲に残る緑地沿いに移動したのだろう。ベッドタウンに点在する草地は、ジャノメチョウにとって「居住地」のネットワークになっていたのだ。

「二重のつながり」が要

では、生息地間を移動できることにどんな利点があるのだろうか？　ざっくり言えば、リスク分散の役割と、あふれた個体の受け皿になることの二点である。リスク分散とは、ある生息地で何か不都合なことが起きた場合に、他に移動することで回避できるという役割である。経済分野のリスクヘッジと同じである。たとえば、ある草地で強度の草刈りが起きたとしよう。もし生物の生息地がそこしかなければ、大打撃を受けて回復不能になるかもしれない。だが、攪乱を受けなかった別の生息地からの移入があれば速やかに回復できる。里山は人為による攪乱が頻繁に起きる場なので、リスク分散の果たす役割は大きいはずだ。

二つめの「あふれた個体の受け皿」とは、密度が高い場所から移出した個体の行き先が確保されるという意味である。これも一種のリスク分散かもしれないが、環境変化などを前提としていない点が本質的に異なっている。北総のジャノメチョウの場合も、近くに生息地があるほど、外部から多くの個体が加入し、そこでの密度が高くなることが分かった。かりに生息地が半減し、現在のネットワークが崩れれば、ジャノメチョウがこの地域から姿を消してしまうかもしれない。

分析を進めると、ジャノメチョウが好む草地ごとの特徴も見えてきた。雑木林に隣接した草地では移入する数が多く、定着率も高かったのである。草地性の蝶にとって雑木林は何のメリットがあるのだろうか。観察によると、ジャノメチョウは夏の暑い時間帯には林縁の木陰で休んでいたり、クヌギやコナラの樹液に集まっている場面によく出くわした。この蝶は、広大な草原よりも林が適度に隣接する環境に適応した種のようである。この発見は少々驚きだった。生息地のネットワークだけでなく、ローカルな草地と林のモザイク性もネットワークの維持に大切だったのだ。これまで繰り返し述べてきた異なる生態系のつながりと、同質の生息地のつながりの「二重のつながり」が重要といえる。

その後、北総の草地では、在来の草本植物やバッタ類の調査も行ってきた。これらは、ジャノメチョウのように直接個体の移動を調べたわけではないが、やはり種数、個体数とも、草地が近隣に集まっている場所ほど多い傾向にあった。またジャノメチョウも、バッタも、在来植物にとっても、それらが好む草地は概して同じであった。生息地のつながりに加え、草地として長く維持されているかどうか、過去に造成を受けていないか、現在の草刈り頻度が適切か、などのローカルな管理が重要になる。いずれにせよ、首都近郊のベッドタウンであっても、点在する生息地のネットワークを適切に維持していけば、貴重な生物たちと共存できることの証である。

ネットワークの影

ウシガエルを追跡

物事にはほぼ例外なく光と影がある。たとえば、多様性は概してよいことだが、混沌とした多様性は必ずしもそうとは限らない。生息地のネットワークについても同じことがいえる。新型コロナウイルスの例を見るまでもなく、人と人のつながりがパンデミックを一気に広げ、逆に行動制限により接触を避ければ広がりを抑制することができた。希少種の保全にとって、ネットワークの保全や増進は望ましいことだが、外来種の侵入は生態系に甚大な影響をもたらすことがある。

ウシガエルは世界で最大級のカエルである［写真2−15］。その名のとおり、夏の池沼では夜になると、牛の鳴き声のような重低音を響かせている。北米原産のこのカエルは、大正時代に日本に輸入され、食用ガエルとして人気を集めた。いまでもマニアックな居酒屋などでは「かえる」として提供している。食べるのは太もものの肉で、鶏肉と言われれば信じてしまうほど淡

［写真2-15］▶**大きな個体では体長20cm近くにもなるウシガエル**
食欲旺盛で生態系に被害をもたらすことから、2005年12月に特定外来生物に指定された。
写真提供：小林頼太

白な味である。餌であるアメリカザリガニとセットで輸入されたらしく、両者が溜め池で大繁栄していることも多い。関東平野の溜め池では、どこもウシガエルやザリガニが侵入していて、在来種はめっきり減ってしまったが、東北地方などではまだ侵入途上の地域があり、水生昆虫や在来の両生類などへの影響が懸念されている。

私たちは、かつてウシガエルの侵入前線である岩手県一関市の溜め池群でウシガエルの調査をした。この地域は北上川の西側の丘陵地に多数の溜め池が点在する。埼玉県の溜め池と違い、希少な水生昆虫や水草が残っていて、たいへん環境が良い地域である。当時、この地域ではアメリカザリガニやブラックバスなどの外来種はほとんど侵入しておらず、ウシガエルの影響のみを明らかにするうえで好都合なので、知り合いの研究室に頼み込んで調査の便宜を図っていただいた。

狙いは、溜め池のネットワーク伝いに、ウシガエルの分布拡大が起きているかであった。だが同時に、在来種への影響も見たかった。ウシガエルはふだん水場で生活し、口に入るあらゆる動物を食べる貪欲な捕食者である。ザリガニがいる地域ではザリガニが主要な餌であるが、岩手県の丘陵地では当時ザリガニはまだ侵入していなかった。駆除個体の胃内容物を調べると、さまざまな水生昆虫やカエル類に加え、陸生と思われるクモや昆虫も食べていた。オオスズメバチが何匹も入っていたという話もあるから驚きである。

ウシガエルは他の多くのカエルと異なり、卵から孵化したオタマジャクシは年内には変態せず、翌年に巨大なオタマジャクシに成長してから変態して上陸する。なので、冬でも水が十分ある溜め池や流れのない水路でないと暮らせない。同じく在来のカエルでオタマジャクシのまま越年するのはツチガエル［写真2―16］などごく一部である。ツチガエルとウシガエルは類縁関係がとくに近いわけではないが、水場を離れずに暮らすという共通した習性から、ウシガエルの影響をもっとも受けそうな種である。

ウシガエルとツチガエルとコイ

私たちは二年間をかけて、延べ一五〇か所の溜め池を廻り、ウシガエルと在来種のツチガエルの有無、その他の池の環境条件を調べた。ウシガエルが鳴く夜間しかできないことで、調査をした学生はさぞ大変だっただろう。その結果を分析すると、やはり溜め池が近隣に集中している場所でウシガエルの個体数が高かった。具体的には、ある溜め池から約一キロから二キロメートル以内にある溜め池の数が重要だった。ウシガエルは水場に執着する生き物なので、違和感を覚えるかもしれないが、夜間は溜め池から数十メートル離れた林縁で見かけることがある。池の方角を記憶しているらしく、人の気配を感じるや否や、すごいスピードで飛び跳ねながら池にもどっていく。

沖縄の久米島で聞いた話だが、ウシガエルがかつて大繁殖していた時代には、溜め池から何キロも離れた林道で見かけたという話もある。おそらく湿度が高い夜間に、若い個体などが分散しているのだろう。溜め池間の移動距離が短ければ、移動途中でタヌキなどの捕食者に食べられてしまったり、池にたどり着けなくて野たれ死ぬ確率も減るはずだ。

もう一つの重要な結果は、やはりウシガエルがいる池ではツチガエルは非常に少なかったことだ。正確に言えば、ウシガエルが一、二匹いる溜め池では、ツチガエルはほぼ不在だった。いかに、強力な捕食者であるかを物語っている。ただ、興味深いことに、溜め池にコイが放たれている池では、ウシガエルの数は明らかに少なかった。そのおかげで、コイがいるとツチガエルの数がやや増える傾向があった。

私たちの実験で、コイはツチガエルよりもウシガエルの幼生をより多く食べることが分かった。ツチガエルの幼生は岸辺の水草などの隠れ家を好むのに対し、ウシガエルの幼生は無防備にも丸見えの水面に浮かんでいるからだろう。ツチガエルの敵はウシガエル、そのまた敵はコイということで、ここでも敵の敵は味方という図式が見えてきた。日本の溜め池にいるコイは、もとをただすと中国など大陸からの外来種である。アメリカ原産のウシガエルにとっては見知らぬ天敵だったに違いない。外来種と在来種の関係はじつに複雑で面白いと思った。

コイの話は別として、やはり強力な外来種の蔓延を助長する生息地のネットワークは、在来

[写真2-16]▶**在来種のツチガエル**
生涯を水場で暮らすことから、外来種のウシガエルの影響を受けやすい。　写真提供：小林頼太

の生態系にとってはマイナスである。個々の生息地から外来種を除去することは重要であるが、もし溜め池そのものを一部でなくすことができれば、理論的にはネットワークの寸断により拡大を防げる。これはいっけん暴論であるが、じつはいま溜め池は各地で防災面から取りつぶされている。貯水池としての機能が減じたことに加え、管理放棄された溜め池は決壊のリスクがあり、下流の住民への脅威となるからである。豊かな生き物が棲む溜め池の保全価値は言うまでもないが、そうでない場合は、他のリスクと総合して、こうした対策も一つのオプションとしてあり得るはずだ。

島のネコ問題と景観

オガサワラシジミの絶滅

つぎは里山が成立しているとは言いがたい南西諸島での話である。島では外来種が定着しやすく、在来の固有種を駆逐している話は枚挙にいとまがない。最近、日本でも小笠原諸島固有のオガサワラシジミが滅んでしまった。オガサワラシジミは本土に普通にいるルリシジミの仲間であるが、オスは濃く美しい青色で、他のルリシジミ類とはかなり異質な種だった。昭和末期までは比較的普通にいたようだが、平成期になると激減し、野外はもとより、二〇二〇年には飼育増殖していた個体も子孫を残すことなく死亡し、地球上から消えてしまった。減少のおもな原因は、外来種アノールトカゲによる捕食とされている。私の知る限り、日本で種レベルでの完全な絶滅が起きたのはひさびさである。

奄美大島では、二〇世紀末からマングースの影響が顕著になり、アマミノクロウサギやケナガネズミ、イシカワガエルやオットンガエルといった固有種が次々と激減していった。そのまま放置すれば、絶滅しても不思議ではない勢いだった。環境省は毎年億単位の資金をかけて駆除事業を実施し、二〇年ほどの努力の末、いまでは根絶に近いレベルにまで至った。その甲斐があって、固有種の個体数は大幅に回復し、もとの密度にまで戻った地域が増えてきた。だが、外来種問題にありがちなのだが、ある種の制御にめどがついたとたんに別の種の問題が浮上する。とくに島ではすでに何種類もの外来種が入り込んでいて、そうしたことが起きやすい。野生化したイエネコの登場である。

島嶼のノネコ研究

イヌの祖先はオオカミであり、二万年ほど前に家畜化され、数千年かけて多種多様な品種ができあがった。同じくネコも中東あたりに棲むヨーロッパヤマネコを起源とすることは間違いない。もとをただせば、収穫した穀物をネズミの害から守るために家畜化されたと考えられている。ネコはイヌに比べれば祖先種によく似ていて、野性味が残っている。その運動能力の高さと相まってか、私の祖母はよく「ネコは魔物だ」と言っていた。中学校の頃だったが、自宅の縁側で可愛がっていたブンチョウを手に乗せて、遊んでいた時のことだ。たまに庭でみかけた大型のトラネコが現れ、私の手に乗っていたブンチョウを目にもとまらぬ速さで捉え、逃げ去っていった。その跳躍力と瞬発力は信じがたく、その時の衝撃と悔しさはいまでも心の隅に残っている。

日本には在来のヤマネコは、対馬と西表島にしかいない。最終氷期以降、明治初期に人が絶滅させるまでオオカミは残ったのに、ヤマネコは有史時代に残らなかったのは不思議である。もちろん、半野生化したイエネコである「ノラネコ」は、世界中で人家の周辺をうろついている。私のブンチョウを持ち去ったのもそんなネコだった。野生下では、残飯などの人由来の餌に加え、ネズミや小鳥などを捕えていて、その点を見ても、人に依存して暮らしているノライヌより野生味は強い。日本を始め、多くの島国では歴史的にヤマネコが生息していなかった。そうした地域に野生化したイエネコ（以下、省略してノネコとする）が増えれば、在来の生態系に何らかの影響を与えるのは必然であろう［写真2–17］。ノネコは、世界のワースト一〇〇の外来生物に指定されていて、三〇種以上の在来生物を絶滅に追いやったとされている。

南西諸島では、在来の野生生物への影響を軽減するため、ノネコの捕獲事業が行われている。

［写真2-17］▶**奄美大島の希少種ケナガネズミと、ケナガネズミを捕らえたノネコ**
写真提供（左）：亘 悠哉、（右）：亘 悠哉・風戸一亮

奄美大島と徳之島の山間部では、国が主導するネコ捕獲事業が行われ、捕獲した個体は施設に送られている。いっぽう、人家周辺では地方自治体の主導で、飼い主不明のネコを不妊化する事業が進んでいる。事業で捕獲されたネコから採取した糞をもとに、ノネコが何を食べているかの調査が進んでいる。糞から食べている餌を分析するのは、哺乳類ではごく一般的で、肉食獣でも草食獣でもよく用いられる。一般人からすれば、動物の糞をいじくるなど、ありえない作業に思えるだろうが、人糞と違って臭いはさほど強くない。気をつけるべきは、寄生虫くらいだろう。私たちの研究室では、二〇一七年頃から学生たちがつぎつぎと島嶼のノネコの研究に取り組んできた。

私の専門ではないが、私の元学生W君が、いまや外来の哺乳類研究の第一人者となっていたため、彼との共同研究を始めたのである。彼は国の研究所に勤務していて、資金に恵まれているが、実働部隊に困っていた。双方にとって「渡りに船」だったのである。ノネコや島の生物は、とても魅力ある題材のようで、これまで男女含めて一〇人近くの学生がノネコに関わり、糞分析だけでも七〇〇個以上をこなしてきた。そこからわかってきたことを少し紹介しよう。

徳之島の山間部で採取された糞からは、アマミノクロウサギやケナガネズミなど固有種の毛や骨が頻繁に見つかった。また捕獲されたネコの毛を使って、炭素と窒素の安定同位体分析も行われた。これはザリガニの項でも述べたとおり、動物の体がどのような餌に由来しているかを推定するうえで有効な手法である。その結果、驚いたことに、山の中で捕獲されたノネコでも、ペットフードが体のおもな構成成分になっていることがわかった。これは糞内容の結果と矛盾するように思えるが、そうではない。糞内容物は、せいぜい数日以内に食べた餌を反映しているが、安定同位体はネコの毛の中に含まれている物質なので、数か月間におよぶ長期的な餌を反映している。したがって、里でペットフードを食べて暮らしていたノネコは、ときどき森に入って固有種を食べていることが推測できるのである。これは、ネコが里と森という二つの生態系を行き来し、森の生物にインパクトを与えていることを意味する。ノネコが数キロ移動することはよく知られているので、この推測は十分成り立つ。実際、奄美大島では、里で不妊処置を受けた個体が、数キロ離れた山中で見つかる例も珍しくない。

森林と農地が隣接する景観は、サシバやアカガエルなど里山の象徴的な生物が暮らすうえで重要だった。これは生物多様性の保全にとってのプラス面である。だがノネコの場合は、森林と宅地がセットであることが、森林の生物多様性に悪影響をもたらすというマイナス面を表している。これは、溜め池に棲むザリガニが隣接する雑木林の存在により個体数を維持し、在来生物にインパクトを与え続けるというマイナス面とよく似ている。違うのは、ザリガニの場合は餌である落ち葉が生態系間を移動するのに対し、ノネコは餌ではなく、それ自体が移動する点である。いずれにせよ、異なる生態系のつながりは里山に依存した生物の保全にとって必要であるが、シカなどの野生動物や外来種など、増えすぎた生物が自然のバランスを崩す背景要因にもなりえることは認識すべきであろう。

トキソプラズマが動物の行動を操作

ネコ問題ではもう一つ別の懸念がある。トキソプラズマ症という人獣共通感染症である。トキソプラズマ症は、トキソプラズマ原虫（原生動物）という小型の寄生虫がもたらす疾患であり、ネコ科動物の体内で有性生殖をして増加する。妊婦が感染すると、後天性の異常をもった乳児が生まれることがあり、また免疫力が低下した高齢者や基礎疾患をもった人が感染すると、重篤な症状に至ることがある。新型コロナウイルスのように人から人への感染はなく、健常者では健康リスクが極めて低いため、一般への認知度は高くないが、決して侮れない。

トキソプラズマは宿主の動物の行動を「操作」することも知られている。ふつうネズミはネコの匂いがする方向を避けるのだが、トキソプラズマに感染すると逆にネコの匂いがする方向へ進むようになる。トキソプラズマがネズミの体内で化学物質を出し、脳を刺激して行動を誘発しているらしい。もちろんネズミにとってはデメリットでしかないが、寄生者にとっては大きなメリットがある。トキソプラズマはネコ科以外の動物の体内では有性生殖ができないからである。

じつは寄生者が宿主の行動を操作するのは珍しいことではない。蛾の仲間の流行病を引き起こすバキュロウイルスも、幼虫の脳内で特殊なタンパク質を生成し、枝先などの目立つ場所に宿主を移動させる。これは梢頭病（しょうとうびょう）として知られ、春の里山に出かければ雑草や灌木の枝先で干からびて死んでいる毛虫の姿を見かける。高所で死んだ毛虫の体内から、ウイルスが広範囲にまき散らされる。

ワン・ヘルスの枠を超えて

最近、トキソプラズマは人間の行動も操作しているのではないかともいわれている。トキソプラズマに感染した人は注意力が落ちて、自動車事故を起こしやすいとか、気質が大胆になって革新的な事業を起こすなどのデータが明かされている。いかにも怪しげな話ではあるが、しっかりした科学論文にも載っていて、真の因果関係があるのかもしれない。人がネコに食べられることはないが、数万年前までは、サーベルタイガーを含む大型ネコ科動物に捕食されていた可能性は高いので、トキソプラズマによる単純な病症の発露ではないとする指摘もある。

その真偽はともかく、トキソプラズマはあらゆる温血動物に寄生するので、自然界でネコを中心に感染のネットワークが形成されていると思われる。ここでいうネットワークは、生物種間のネットワークであるが、これまで何度も登場した生息地のネットワークとも深く関係する。

生物種間のネットワークとして、私たちが徳之島で調べた事例を簡単に紹介しよう。

　この島では肉牛生産が基幹産業の一つであり、島内には多数の牛舎が見られる。そこではクマネズミの防除のため、ネコに餌付けしている農家も多い。まず、ネコについては、自治体が行っている捕獲事業で得られた血液サンプルを島内全域から採集した。

　分析の結果、ネコの約四割がトキソプラズマに対する抗体を持っており、感染履歴があることが判明した。とくに、牛舎が多い地域で捕獲されたネコは感染率が高いことも分かった。ネコの主要な餌の一つであるクマネズミについては、私の学生が独自で捕獲調査を行い血液サンプルを得た。分析したところ、約七割の個体が陽性で、やはり近隣に牛舎が多い場所でその率が高いことが分かった。ネズミ同士の接触による感染はあり得ないので、ネコの糞尿に由来するトキソプラズマが土壌や水などに残留し、経口感染したに違いない。ネズミの感染率が高まれば、未感染のネコがそれを食べることで、ネコの感染率がさらに高まり、環境中のトキソプラズマの量もさらに高まるというループが形成されていることが推察された。農地周辺に棲むヤギについても比較的高い陽性率が検出されたので、ネコとは食う食われるの関係のない動物にまで感染ネットワークが広がっているようだ。

　すでに述べたとおり、すべてのネコが牛舎や農地周辺だけで生活を完結しているわけではなく、森林との行き来をしているものが少なからずいる。ネコの移動を通して、空間的に隔たった森林にもトキソプラズマのネットワークが広がっている可能性がある。実際、奄美大島ではアマミノクロウサギの血液から、トキソプラズマの陽性が確認されている。この個体は神経症とみられる異常な行動を示していたようで、トキソプラズマ症を発症していたと考えられている。いまのところ、人への感染状況の調査は行われていないが、感染リスクが少なからずあることは間違いない。ネコとクマネズミはともに外来種である。それらを中心に、人も含めた生物間のネットワークが空間的な広がりをもってできあがっている可能性が危惧されている。

最近、人獣共通感染症の分野では、ワン・ヘルス（One Health）という概念が定着し始めている。これは人の健康、動物、自然環境を三位一体として捉え、感染症の制御に立ち向かおうというものだ。これまでの取り組みは、人と動物の二者関係、とくに家畜やペットなど身近な飼育動物に焦点を当てたものが多かった。だが感染症に関わる動物の多くは、コウモリやネズミ、サル、ハクビシンなど自然界で暮らしており、生態系のなかで互いに関係しあっている。

近年、森林破壊などにより感染症の蔓延リスクは高まっている。棲み家を奪われた動物たちが人間の生活圏に出てくることで、病原体が動物から人へ伝播（スピルオーバー）するからである。新型コロナウイルスは、その一例に過ぎない。生態系や国をまたいだ地球スケールで生物や物質、そして人が移動し、感染症がパンデミックになったのだ。これまでも、人の動きや渡り鳥の移動など、ある意味で自明な動きの重要性については認識されていたが、ネコのような動物が宅地、農地、森を移動して外来種問題と人獣共通感染症の問題を引き起こしているという図式は、ワン・ヘルスの枠を超えた新たな取組みの必要性を示している。私のようなナチュラリストや生態学者、環境学者が、疫学や医学の専門家とコラボすることで、真の課題解決に近づくことができるはずだ。

第3章 ソバとシジミチョウ——共に生き活かされる「つながり」の不思議

地方出身者なら、一度は生まれ育った故郷を離れて生活したいと思うのは人情だろう。私はとくに離れたいと思ったわけではないが、漠然と都会の大学へ行くものだと考えていた。学生だった頃は、卒業したら戻ってきて高校の教員になりたいと思っていた。だが、大学院に進んで真似事のような研究を始めてから世界が広がり、帰省する頻度や期間もぐっと減った。地元の知り合いや同級生との付き合いもほとんどなくなり、故郷の自然への興味も薄れていった。

その後、父が亡くなり、母も亡くなってからは、家だけがある実家へ帰る理由もなくなった。空き家を維持するのも大変になり、兄と相談して売却してしまった。ちょうど五〇歳に差しかかった頃である。だが不思議なもので、その頃から、幼少期の自然体験がやけに懐かしく思えはじめた。なかでも、ミヤマシジミ［写真3―1］という美しい青藍色をした小型の蝶にたいする郷愁が湧いてきた。

なぜミヤマシジミだったのか、もはやはっきりと覚えていない。昔は秋になるとたくさんいたが、その頃には故郷に帰ってもまったく見かけなくなったからだと思う。

伊那谷南部のミヤマシジミを求めて、毎年初秋に訪れるようになったのは二〇一〇年頃からだったと思う。旧知の地元の知り合いによると、すでに飯田市と下伊那郡では数か所しか生息

［写真3–1］▶**青藍色の翅をもつミヤマシジミの雄。下はミヤマシジミのつがい。**
写真提供：筆者

地がないという話だった。あわよくば自分の新しい研究材料にと思っていたが、どうやら生態学的に面白い研究ができるほどの個体数はいなかった。

幼少期のミヤマシジミの記憶は、飯田・下伊那以外に一か所だけ鮮烈に残っている場所があった。それは上伊那郡の飯島町である。一九六九年の秋分の日のことだった。山沿いの道路沿いに、無数のミヤマシジミが飛び交い、交尾しているペアもいた。秋の淡い陽光の中で、父と兄でその姿を観察し、採集したときの残像がうっすらと残っている。

その四〇年後、記憶を頼りに同じ場所に出向いた。土地の傾斜具合や道路の曲がり具合から場所はすぐに特定できたが、そこにはミヤマシジミはもちろん、食草のコマツナギも見当たらなかった。道路沿いの木々が成長したのに加え、土手は徹底した草刈りで、背の低いイネ科草本などがあるだけだった。だが、少し離れた畑の土手にはコマツナギが辛うじて残っていて、なんと数匹だけだがミヤマシジミがいた。付近を捜したが、他ではまったく見当たらなかった。その後、三年ほど同じ場所を訪れたが結果は同じだった。

インターネットで調べてみると、飯島町ではミヤマシジミが別の場所に残っていることがわかった。地元の人に生息地を数か所案内してもらったところ、確かにいることはいたが、せいぜい一〇匹程度で、風前の灯火に思えた。

二〇一五年の秋、懲りもせず飯島を訪れ、教えてもらった生息地の場所に行く途中で、狭い農道に迷い込んでしまった。低速で農道を車で移動していると、青色のやや大型のシジミチョウが道を横切った。もしやと思い、車を止めて降りてみると、道路沿いの土手の草地に無数のミヤマシジミが飛んでいた。それは四〇数年前に見た光景そのものだった。誰も知らない大生息地を見つけた感動で絶叫した。

その草地は、水田との高低差が一〇メートル近くもある土手にあり、道の反対側はソバ畑になっていた［カラーi］。よく見ると、草地とソバ畑を行き来しているミヤマシジミもいて、ソバの花で吸蜜をしている個体もいた。田んぼで作業していた年配の人に興奮気味で話しかけたところ、土手の管理者だった。絶滅危惧種がいることを伝えると、かなり戸惑っていたので、「いままでどおりの管理で結構ですよ。それにしても素晴らしい」と声掛けした。このときの出来事が、その後長く続くプロジェクト研究に発展するとは夢にも思わなかった。

その年の暮れ、飯島のミヤマシジミの本格調査を決めた私は、新しく研究室に入ってきた学生D君にミヤマシジミの話をした。彼はこの話に興味を示し、卒論で取り組むことになった。いま思えば、彼の運命もそのときに決まってしまったようだ。

翌年、D君は飯島町の広域でミヤマシジミの生息地の調査を始めた。当初、私も例の大生息地のほかに五、六か所も見つかれば御の字と思っていた。ところが、ぞくぞくと生息地が見つかり、結局一〇〇か所近い数になった。生息地のサイズはさまざまだが、いずれもコマツナギ［写真3－2］の群落のある場所で、狭いもので長さ数メートル、広いものだと三〇メートルほどあった。昆虫の生息地は、しばしば生息パッチと呼ばれている。パッチは、英語で切れ端や斑点の意味である。コマツナギのパッチの大きさは、景観全体からすれば細切れに過ぎない。

調査を進めるにつれ、私たちの姿が町民の目に触れる機会が高まった。野外調査とは基本そんなものだが、見通しがいい農地周辺ではとくに注目される。遠巻きに怪訝な顔をして眺めている人もいれば、興味深そうに何をしているのか尋ねてくる人も出てきた。怒られることがなかったのは幸いである。そのうち、炎天下でも悪天候下でも調査を続けるD君の直向き（ひたむき）さにほだされた町の有力者が、自宅の一部を寝泊まりに使わせてくれるようになり、私たちの研究がいい意味で認知されるようになった。彼はその後住民票を移し、何年もかけて調査に専念することになった。

じつはミヤマシジミは、私たちが飯島に出入りする前から一部の役場職員や農家の人には珍しい蝶として知られていたので、それほど抵抗なく受け入れられたのかもしれない。だが調査の開始当初、飯島町が日本最大の生息地であることは、私たちも含めてまだ誰も知らなかった。

［写真3-2］▶**マメ科の被子植物コマツナギ**
根が硬く丈夫なことから馬を繋ぐ「駒繋」と記される。ミヤマシジミは、このコマツナギだけを食べる。　写真提供：筆者

コマツナギのみを食べる蝶

少し後手になったが、ここでミヤマシジミの詳しい紹介をしよう。ミヤマシジミは草原性の蝶で、もともと中部地方を中心に比較的広く分布していた。とくに、大河川沿いにはどこかに必ずと言ってよいほど生息地があった。たまに起こる河川の氾濫がほどよい攪乱となり、他の植物との競争に弱いコマツナギの好適な環境を維持してきたからだろう。いっぽう長野県と山梨県では、農地周辺から高原にかけての草原にも点々と生息していたが、一〇〇〇メートル以上の高地ではほとんどいなかった。ミヤマ（深山）という名前がまったく似つかわしくない蝶である。

海外では、朝鮮半島からユーラシア大陸北部一帯に広く分布している。日本産は大陸の種の亜種とされているが、生態や翅の模様にはかなりの違いがある。幼虫の食草はマメ科であるが、大陸ではレンゲやクサフジの仲間を食べ、日本ではコマツナギのみを食べる。コマツナギはいっけん草本に見えるが、じつは背の低い木本で、古い株の根元は直径が数センチにもなる。地面深くに根を張り、手では引き抜くことはほぼ不可能である。駒（馬）の手綱をつなぐための植物として使われたから「コマツナギ」となった。文字どおりの馬鹿力に耐えられる植物を、ひ弱な人間が引きぬけないのも道理である。コマツナギは日本では一種だけだが、熱帯から亜熱帯にかけて多くの種が知られている。北方系のミヤマシジミが、日本列島で南方系のコマツナギと出会い、それに特殊化したのだろう。日本のミヤマシジミは、大陸のものとは別種とすべきという意見もある。

絶滅危惧種ⅠB類

ミヤマシジミが全国的に減少し始めたのは、一九七〇年代である。その頃までは、決して珍しい種ではなかったが、その後急速に各地で姿を消した。伊那谷でも、かつては天竜川の河川沿いの低地から、河岸段丘を一段あるいは二段上がった台地、そしてさらに上の中央アルプスの裾野にある農地や小河川周辺の草地に広く見られた。だが、その後はいつのまにか見られなくなった。

全国的には、二〇〇〇年以降になっても絶滅が相次いでいる。信濃川中流や大井川、安部川からはほぼ絶滅し、いまでも一〇〇匹を超える数が見られるのは、関東では鬼怒川の中流域のみで、中部では長野県の伊那谷くらいになってしまった。二〇一五年から環境省が指定する絶滅危惧種Ⅱ類から、ⅠB類に格上げされた。もちろん、絶滅リスクの格上げであり、保全が急務となっている。

ソバと昆虫の関係

この地域でもう一つ目を引いたのは、ソバ畑が広がっていたことである。九月はミヤマシジミがもっとも数を増すが、ちょうどこの時期はソバが開花する。ソバが一斉に開花すると、畑が一面白く見える。この時期は水田で稲穂が黄金色になっているので、白いソバ畑と黄色の水田［カラーviii］がたいへん美しいコントラストを作り出している。飯島町は、長野県の種ソバの多くを生産しているので、白と黄色のパッチワークが至るところにみられる。

ソバ畑はただ美しいだけではない。そこにはさまざまな昆虫が蜜を求めて訪れている。私は以前から、ソバの実りには昆虫による花粉の媒介が必要であることを知っていた。これだけたくさんソバ畑があれば、ソバと昆虫の関係をもっと掘り下げて解き明かすことができるはずだ、と直感した。それはとりもなおさず、豊かな昆虫が日本人の食文化を支えているという、人と自然の共生関係の事例としてうってつけの材料となるだろう。

この町の「自然のインフラ」

ミヤマシジミという絶滅危惧種の蝶とソバの実りという、いっけん無関係に見える二つの研究課題は、この町の自然環境の豊かさ、すなわち「自然のインフラ」ともいうべき共通の基盤があることを意味している。二つの研究をとおして、素晴らしい自然のインフラの存在を地域住民に理解してもらうためにも有効なはずだ。そんな思いから、飯島町役場との研究連携協定を結ぶことを提案した。連携協定は、二〇一八年から三年間だったが、その間に研究が想定以上に進み、地元の理解や協力が得られたこともあって、二〇二一年からさらに三年間延長した。

連携協定を結ぶことには、さまざまな意義がある。まず、よそ者である私たちが野外で活動することに対する地域住民の不安を払拭できる。これは見知らぬ土地でフィールドワークをする際の最低条件といえる。行政を通した広告があれば、むしろ地域の人たちは温かい目で見守ってくれることが多い。つぎに、研究を行ううえで、行政からさまざまな支援を受けやすくなることも重要である。私たちは、最初の数年間は個人のご厚意で家の一角を使わせてもらっていたが、協定を結んだのちは町営住宅や教員住宅を使わせてもらえるようになった。町の共有財産や税金の一部をよそ者が使うには、それなりの根拠が必要なのは当然である。三つめに重要な点は、広報誌や講演会を通して研究成果を還元することで、地域社会へさまざまな貢献ができることである。

よくあることだが、地元の人は地元の自然の価値を意外と知らない。日常的に見る光景や生き物に特別な価値を見出せないのは無理もないが、じつは全国的に見れば希少だったりする。

これは、専門的な知識で広く俯瞰できるよそ者だからこそ可能なのだろう。私たちの連携協定でいえば、ミヤマシジミがいかに貴重な生き物であるか、そしてソバの実りがいかに多様な昆虫に支えられているかを気づいてもらえるだろう。自然と共生する社会や地域という、漠然としたスローガンから、よりリアルな実体や目標がつかめることで、地域や個人でどんな貢献ができるかも自ずと見えてくるはずだ。

ミヤマシジミの生息地はどこに

コマツナギの衰退の要因

ミヤマシジミはコマツナギというマメ科植物のみを食草とする。なので、ミヤマシジミはコマツナギがないと生息できないのは自明である。飯島では、コマツナギが農地周辺の草地に点々と自生していて、多い地域では一キロメートル四方の中で五〇を超えるコマツナギのパッチがある。他の地域との比較のため、飯島町に隣接する市町村でコマツナギの広域調査をしたことがある。のちに述べる中川村を除き、南隣の松川町から飯田市にかけての段丘上の農地や道路、小河川沿いの草地を広範に踏査したが、どこも小規模なパッチがごく稀に見られる程度だった。群落の密度は一〇分の一以下であることは間違いない。

私の幼少期に、飯田市やその周辺でもごく普通にコマツナギがあり、ミヤマシジミがいたことを考えると、やはりコマツナギの衰退がミヤマシジミの激減の第一の原因だと思われる。

コマツナギは昔、農地や土手の草地、あるいは地面がむき出しの空き地にも生えていた。いま、飯島町以外の農地周辺の草地のほとんどは、イネ科草本が繁茂している。草刈り頻度の減少、外来牧草の侵入、肥料過多による土壌の富栄養化などにより、成長が速く競争能力の高いイネ科草本にコマツナギが負けてしまったのだろう。一方、昔あちこちにあった空き地は、宅地や工場、駐車場などで潰されてしまった。アンダーユースとオーバーユース、そして外来種の侵入など、日本の生物多様性の危機要因がセットになって草地の変質や消滅をもたらしたのである。

地域の草刈りと貧栄養の土手

では、飯島にはなぜコマツナギがいまでも多数残っているのだろうか？　その理由ははっきりしないが、以下の二つの組合せが効いていると思う。まずは、この地域では草刈りが頻繁に行われてきたことが挙げられる。コマツナギは地面に深く根をはる木本で、多少の攪乱には耐えられるため、年に数回の草刈りはイネ科草本が優先するのを防ぎ、結果としてコマツナギにとって有利な環境を維持してきたと思われる。

もう一つの理由は、貧栄養の土手の斜面がこの地域には多いことである。過去の航空写真を見ると、こうした土手の多くは一九七〇年代に土地を削りとってできた斜面である。おそらく、農地の土地改良事業で圃場を拡張する際にできたものだろう。一般に、土地改良は自然地形を改変するため、在来植物の生息地を物理的に破壊することが多い。表土をはぎ取ってできた土手は有機物も無機塩類も少なく貧栄養になる。しかし、貧栄養は不毛の地を意味しない。成長が旺盛なイネ科植物や外来植物との競争に弱く、駆逐されやすい在来植物にとっては、むしろ好適な環境なのかもしれない。実際、私たちの調査により、コマツナギがある草地はない草地に比べて、植物が根から吸収できる養分の量（窒素、マグネシウム、カリウムなど）が明らかに少ないことが分かった。貧栄養な土壌は、コマツナギの生育にとってはやはり有利だったのだろう。

もちろん、新たに造られた土手では、植生はいったん消滅するので、外から種子が侵入しないとコマツナギの群落はできない。おそらく、近隣に小規模な草地のパッチが残っていて、そこからコマツナギの種子が侵入し、競争者がいない土手で群落の面積を拡大できたのだろう。土の中に残っていた種子（埋土種子という）が発芽することもあるかもしれないが、赤土がむき出しになるほど表土が剥ぎ取られれば、埋土種子があったとは考えにくい。

貧栄養の土手は、慣れてくると遠目からもそれと認識できる。赤土がところどころむき出しになっているうえに、秋であればトダシバというイネ科植物がまばらに生えていて遠目からも赤っぽく見えるからである。そうした場所には、コマツナギだけでなく、いまでは各地で希少になったオミナエシ［写真3－3］、キキョウ［写真3－4、カラーiii］、リンドウ、カワラナデシコ、センブリ［写真3－5］などの在来植物も自生していることがある。秋の花が咲く土手で、ミヤマシジミがたくさん飛んでいる光景は、日本の原風景の一コマを見た思いで心が癒される。

ミヤマシジミの見つけ方

手掛かりはコマツナギ

チョウ類の分布調査は、基本ひたすら歩きまわって成虫を見つける作業による。天気がよければ成虫は飛びまわるので、わざわざ棒で枝葉を叩いて見つけたり、トラップを使って採集したりといった面倒な手間は要らない。その利便性のためか、イギリスをはじめとするヨーロッパでは、蝶のセンサス調査が古くから行われている。鳥類や草本植物と並んで、市民調査にうってつけの生物と言えよう。

私たちのミヤマシジミの調査も、当初はもっぱら成虫がいる草地を探し続けることだった。さらに、この蝶はコマツナギの群落に対する執着心は非常に強く、そこから離れた場所で見つかることは滅多にない。なので、成虫を探すということは、コマツナギを探すこととほぼ同じである。

コマツナギは、七月から九月上旬の比較的長期間にわたって、濃いピンク色の花を多数つける。ちょうど藤の房のミニチュア版のような目立つ外見で、多いときは一株で数百も花を付ける。徒歩や自転車はもちろん、注意すれば自動車の低速運転でも見つけることができる（交通事故に注意せねばならないが）。花の時期であれば、二〇メートルほど離れた株でも見つけられるので、コマツナギの分布を広域かつ詳細に調べることができる。たまにミヤマシジミを先に見つけ、あとからコマツナギが近くに生えているのに気づくこともあるが、それは成虫の数がかなり多い場合である。ふつうはコマツナギを手掛かりに、注意深くミヤマシジミを探すことになる。

幼虫は「黒い斑点」？

ナチュラリストの心情として、成虫を見つけると幼虫もいないか探したくなる。蝶の幼虫の多くは葉の色と同じ緑色をしているので、素人にとっては、「ほらここに」と指をさされても認識できないほど目立たない。まさに保護色そのものである。

だが、ミヤマシジミの幼虫にはたいていアリがたかっている。緑色のコマツナギの株のなかにある小さな「黒い斑点」、つまりアリの集合体［写真3－6］を目印にミヤマシジミの幼虫を見

［**写真3-3**］▶**下、オミナエシ**（**女郎花**）
夏から秋にかけて土手や草原に育つ、秋の七草の一つ。写真提供（4・5とも）：筆者
［**写真3-4**］▶**上、キキョウ**（**桔梗**）
秋の季語であり、秋の七草の一つ。英名は風船に似たつぼみの形からバルーンフラワー。
［**写真3-5**］▶**右、センブリ**（**千振**）
名前の由来は、煎じて「千回振り出してもまだ苦い」から。薬草であって、もっとも苦い生薬とされる。
写真提供：米山富和

つけるのが効率的である。

他にも、コマツナギの葉に残された幼虫の「食痕」でその存在を知ることもできる。ミヤマシジミの幼虫は、大型のチョウやガの幼虫のように、葉をむしゃむしゃと食べつくすことはない。たいていは葉の表面を削り取るように食べるので、やや縮れて薄茶色に変色した葉が食痕として残っている［写真3－7］。なので、成虫はもちろん、慣れてくると幼虫の個体数もある程度は正確に知ることができるようになる。

アリとの共生

幼虫のボディガード

アリは巣を作り、集団で生活する昆虫であることはよく知られている。女王アリが働きアリをつぎつぎと産み、働きアリはせっせと餌を探して運んでくる。なかには敵を撃退することに特化した兵隊アリもいる。こうした分業が進んでいるので、社会性昆虫と呼ばれている。

アリは昆虫のなかでは小型な部類で、大きな種でも体長が一センチほどしかなく、個体レベルでは非力である。だが、コロニーには数百から一〇〇〇匹もの個体がいるので、陸上の強力な捕食者となっている。またアリは敵に襲われると、腹部の先端からギ酸という強酸性の液体

［写真3-6］▶複数のアリがミヤマシジミの幼虫にたかっている。　写真提供：葉 雁華

を発射して撃退する。アリを専門に食べる哺乳類や鳥類、そしてクモ類もいるにはいるが、大多数の生物にとってアリは危険な存在である。そんなアリを味方につけることができれば、頼もしいことこのうえない。

蝶の幼虫にはアリをボディガードにしている種がいる［カラーⅳ上］。日本ではシジミチョウ科で二〇種類以上が知られている。どれも幼虫が体の背面にある蜜腺（小さな穴）からアリの好きな甘露と呼ばれる液体を出す［カラーⅳ下］。甘露には糖分だけでなくアミノ酸も含まれているので、アリにとってはご馳走である。甘露を出す幼虫はアリにとって、人間の家畜のような存在なので、幼虫を襲って食べることはまずない。食べることによる一時の利益よりも、長期的に得られる利益の方が大きいからだろう。幼虫もタダで甘露を与えているわけではない。その代わりに、幼虫を狙う天敵が来襲するとアリが猛然と攻撃して追い払ってくれるのだ。

アリと蝶の幼虫は、まさに持ちつ持たれつの関係にある。こうした関係を「共生」という。最近では、共生社会や多文化共生などという言葉をよく見聞きするが、もとをただせば異なる生物の種と種のあいだのウィンウィンの関係を共生と呼ぶのである。

随意共生の関係

ミヤマシジミとアリの関係を少し詳しく見ていこう。飯島の調査地でコマツナギの枝葉にアリ

[**写真3-7**]▶**ミヤマシジミの幼虫による食痕。**コマツナギの葉の表面を削り取るように食べる。
写真提供:出戸秀典

がたかっていれば、まずそこにはミヤマシジミの幼虫がいる。よく見るとアリは触角を細かく動かし、脚で幼虫の体を頻繁にタッチしている。さらに目を凝らすと、幼虫の背面の一部から小さな突起が「にょきっ」と出てきたり、引っ込んだりしているのがわかる〔カラー v上〕。この突起は伸縮突起と呼ばれ、そこからはアリを興奮状態にする化学物質が出されているらしい。興奮させることで、天敵に対する攻撃心を高ぶらせる働きがあるとされている。この推測は、ムラサキシジミの幼虫を使った実験によるものだが、ミヤマシジミの場合もおそらく同じだろう。伸縮突起のすぐ近くにある小さな窪みに蜜腺があり、アリがそのあたりを軽くタッチすると、ほんの数秒で甘露の丸い水滴が湧きだしてくる。これはさすがに肉眼ではほとんど見えないが、NHKスペシャルの撮影スタッフが持ってきた高性能のカメラではははっきりと見ることができた。その映像は「超進化論」という番組で、いまでも有料で見ることができる。

ミヤマシジミと共生しているアリの多くは、クロヤマアリ、クロオオアリ、トビイロケアリである。どれも日本各地に普通にいる種である。幼虫に随伴するアリの数は種によってまちまちだが、比較的大型のクロヤマアリとクロオオアリではせいぜい五匹まで、小型のトビイロケアリでは一〇匹以上が随伴していることがある。だが、天敵への防衛力としては、小型のアリはあまり役立っていないようだ。

共生関係には、相手がいないと生存できない絶対共生と、いなくても何とかなる随意共生とがある。蝶のなかでは、クロシジミやゴマシジミなどはアリと絶対共生の関係にある。幼虫はアリの巣の中に持ち込まれ、クロシジミの場合はアリから口移しで餌をもらい、ゴマシジミでは巣の中でアリの幼虫を勝手に食べて成長する。いっぽう、ミヤマシジミはコマツナギの葉を食べて暮らす種なので、アリの存在は絶対条件ではない。ただ、アリがいれば天敵に襲われて死亡するリスクが減るので、いてくれればありがたいことは間違いない。ミヤマシジミとアリの関係は明らかに随意共生である。

ハエの「捕食寄生」

ではアリは、ミヤマシジミを何から守っているのだろうか。人間が幼虫を指で触れてもアリはそれに反応して指に登ってくるほどなので、基本どんな天敵にも反応するはずだ。野外でそうした現場に出くわすことは稀だが、頻繁に見かけたのは寄生バエを追い払う姿である。

ハエというと、イエバエやキンバエなど、糞や動物の死体を餌にする不潔なイメージがあるかもしれない。だが、じつは昆虫に寄生するハエの方が種数のうえではメジャーである。寄生バエは、人間の体内に棲む寄生虫のような穏やかなものではない。体内で育ったハエの幼虫は、やがて宿主の中身をすっかり食い尽くし、表皮を食い破って外に出て蛹になる。宿主はもちろん死んでしまうので、専門的には「捕食寄生」と呼ばれている。捕食は相手を外部から食べることで、捕食寄生は相手の内部に棲みついて徐々に食い殺していく、という違いがある。ちなみに、私の知る限り人間を宿主とする捕食寄生者はいない。

寄生バエ

アリの隙を狙うハエ

ミヤマシジミの寄生バエには、これまで三種が知られていた。そのうち、飯島ではサンセイハリバエという種がもっとも多く、稀にノコギリハリバエもいる。

私たちが寄生バエの存在に気づいたのは、野外で採ってきた幼虫を飼育していたときである。野外の蝶や蛾の幼虫や蛹がハチやハエに寄生されていることが珍しくないので、それ自体はとくに驚くことではない。だが、ミヤマシジミの飼育を始めた二〇一九年の夏には、三〇パーセント以上の幼虫から寄生バエが出てきたのには驚いた。

サンセイハリバエがミヤマシジミの体内から出てくるのは、正確に言うと「前蛹（ぜんよう）」と呼ばれる時期である。前蛹は、文字どおり蛹になる直前の時期で、姿は幼虫のままだが、葉や枝に糸で固定し蛹のようにじっと静止した状態になる。前蛹からハエの終齢幼虫が一匹だけ出てきて、すぐに自身で繭をつくり、一週間もすればハエの姿になって出てくる。サンセイハリバエは、イエバエよりやや小型の、いっけん何の変哲もないハエである。私たちはハエの分類はまったくの素人なので、九州大学にいる専門家の指導を受け、何とか識別できるようになった。その結果、ミヤマシジミから出てくるのはほとんどがサンセイハリバエ、ごくまれにノコギリハリバエがいることが分かった。

寄生バエがミヤマシジミの幼虫に近づくと、アリはそれをさかんに追い払おうとする。だが、ハエもさるもので、アリに追い立てられても近くの草などに止まってじっと様子をうかがい、アリの隙をねらって幼虫に攻撃を繰り返す［カラーv］。まるでボクシングのヒット&アウェイのようだ。アリが気づかない一瞬の隙に、幼虫の頭の付近に卵を産み付けることもある。アリの防御は効果的ではあっても、鉄壁ではないのは確かなようだ。

私たちは、アリが幼虫に随伴することの効果を調べるため、野外から幼虫を採集してしばらく飼育し、ハエに寄生されているかどうかを調べた。その結果、随伴しているアリが多いほど寄生率は低くなることが分かった。ざっと見積もると、クロヤマアリが一匹いると寄生率が約二〇パーセントも下がる計算になった。ハエに対する防衛は完璧ではないが、一定の効果を上げていることを裏付けている。

シヘンチュウは虎か狼か

ミヤマシジミの幼虫から寄生バエがたくさん出てきてから間もなく、学生のYさんから長さ数センチの白い糸状の生き物も出てきたことを聞いた。寄生バエと違い、一匹だけのこともあれば一〇匹近い数が一度に出てくることもあった。専門家に聞いたところ、シヘンチュウ（糸片虫）［写真3-8］というセンチュウの仲間であることが分かった。センチュウは非常に多様なグループで、人の体内に棲む回虫、イヌの病気として有名なフィラリア、寄生した刺身を食べた人に強烈な胃痛を引き起こすアニサキス、松枯れの原因となるマツノザイセンチュウなど、日常的にも馴染みのある生物たちである。他にも、作物の根に寄生するセンチュウは大きな被害をもたらすことがある。

シヘンチュウはおもに昆虫に寄生し、ウンカやメイガなどの作物の害虫に寄生する天敵にもなっている。他のセンチュウと違い、人間にとっては、どちらかというと有益な生物とみなされている。だが、ミヤマシジミのような希少種に寄生するとなれば、有益というより保全上は有害な生き物となる。人間の価値判断とはじつに勝手なものである。

海外の文献によると、シヘンチュウは普段は土の中にいて、夜になると地面に這い出してき

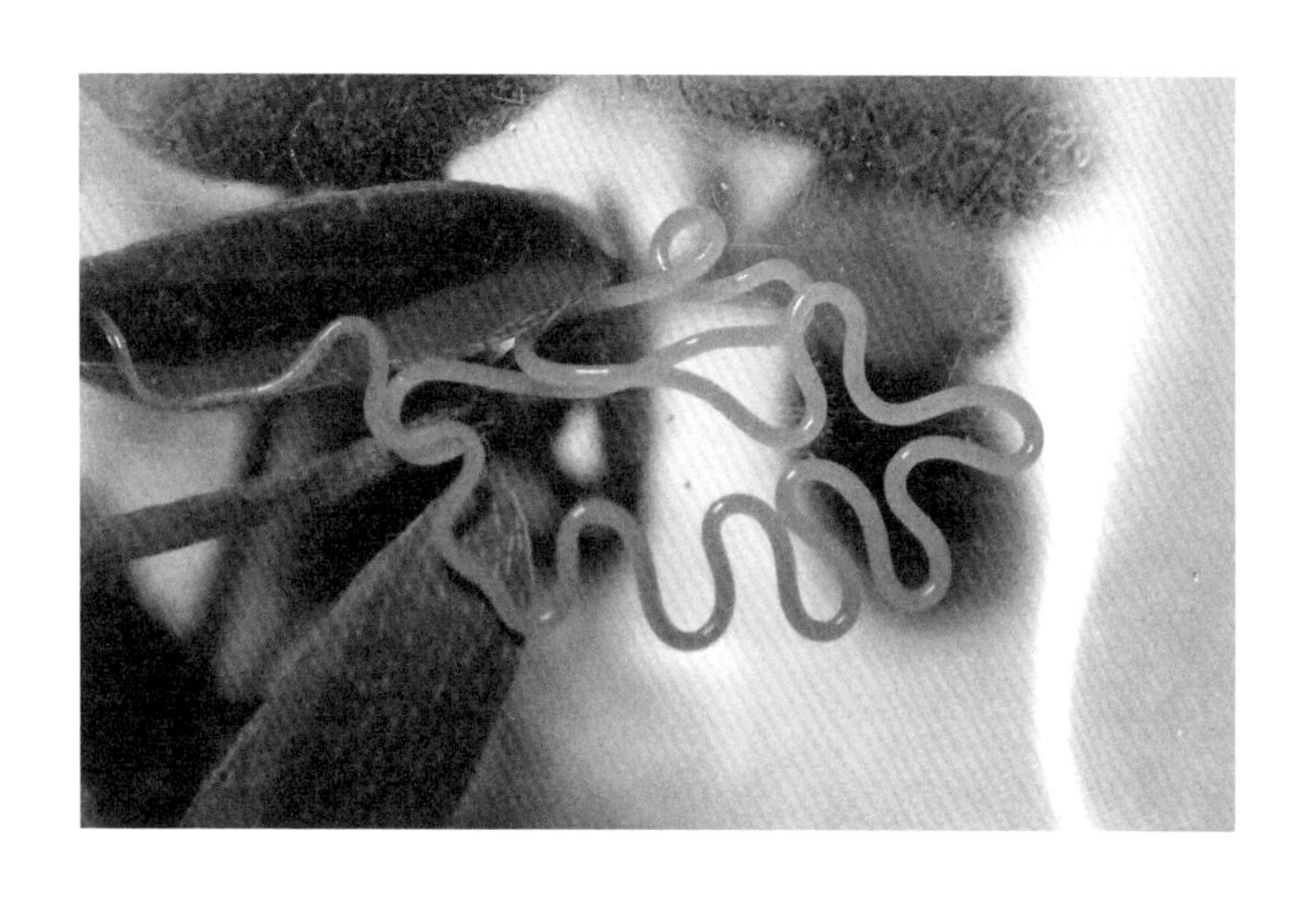

[写真3-8]▶ミヤマシジミの幼虫から出てきたシヘンチュウ
写真提供：葉 雁華

て昆虫に寄生するという。宿主の体内に直接入りこむタイプと、植物の葉などに卵を産み付け、それを宿主が食べることで体内に入り込むタイプがいるそうだ。いまのところ、ミヤマシジミのシヘンチュウがどのタイプかは分かっていない。

また、雨がちの天気で湿度が高い夜に、シヘンチュウが地上に出てきて寄生することも知られていた。そのとおり、雨が多い時期にシヘンチュウの寄生率が高くなることも分かってきた。シヘンチュウが活動するのは主に夜なので、昼行性のアリにより撃退されることはまずないだろう。

シヘンチュウに寄生されたミヤマシジミの幼虫からは、寄生バエはまず出てこないので、双方は幼虫をめぐって間接的な競争関係にあるようだ。二種類のまったくタイプが異なる寄生者がいることは、ミヤマシジミにとって望ましいことではない。雨が多い季節にはセンチュウによる寄生が多く、そうでない時期にはハエの寄生が高いということもわかっている。「前門の虎、後門の狼」という中国の諺があるが、ミヤマシジミは天候にかかわらず恐ろしい敵に囲まれていると言えよう。

最適な草刈りを探る

「高刈り」が有効

ミヤマシジミの生息地を維持するには、食草であるコマツナギが生育できる環境を整える必要がある。すでに説明したとおり、コマツナギはイネ科植物や外来植物との競争に弱いので、適度の草刈りにより丈が低い草地を維持すれば生育は可能になるはずだ。だが、芝地になるほどの徹底した草刈りはもちろんマイナスである。

最近、草地の野生植物を保全するための研究が盛んに行われている。その多くは、草刈りの頻度、つまり年に何回刈るのが良いかを調べている。年二、三回の草刈りが適当で、それ以上は植物や昆虫の種数が減ることが示されている。だが、草刈り管理には回数以外にも重要なことがある。それはどの程度の高さで草を刈り残すか、そしてどの時期（タイミング）で草刈りするかの二点である。これらについては意外なほど調べられていなかった。

まず刈り取る高さについて考えよう。最近、在来の野生植物を維持するには、草丈をある程度高い状態で刈り残す「高刈り」が有効であることが示されている。具体的には地面から二〇センチほどの高さで刈ることで、競争に強いイネ科や外来種の生育を抑制し、花を咲かせる在来植物を維持できるというものである。

機械化が進む以前、草刈りはもっぱら鎌による手刈りで行われたので、自然に高刈りになっていた。それが意図せず、秋の七草をはじめとする植物を維持してきたのである。その後、長い柄の先に円盤型のカッターがついた手持ちの草刈り機が登場した。ビーバー草刈り機というほうが一般にはよく知られているだろう。近所の空き地や高速道路の土手で草刈りに使われているのを見た人も多いはずだ。エンジン部を背負いながら、カッター部は地上から浮かせ、体を中心に柄を振り回すような感じで草刈りを行う。ビーバーは手刈りよりも低く刈ることができるが、地面につけるとカッターが痛むので、一〇センチ程度は浮かせて刈ることになる。

幼虫期の草刈りには注意

長時間の草刈りはかなりの力仕事である。最近は、多少の傾斜があっても手押し型で地面すれすれで草刈りができる機械が普及している。このタイプの草刈り機は、エンジンを背負ったり、カッターのついた長い柄を持ち上げ続けて草を刈る必要がないので、筋力の弱い高齢者や女性でも簡単に草刈りができるというメリットがある。だが、草をほぼ地際から刈るので、花を咲かせる広葉草本（ほとんどが双子葉植物）の大部分は壊滅状態になり、シバなどの一部のイネ科草本だけになってしまう。ゴルフ場の管理にはいいかもしれないが、草原の生物多様性にとっては最悪である。

草刈りの時期については、どんな種を保全対象にするかによって適切な時期が異なってくるだろう。たとえば、年に一度しか花を咲かせない植物では、開花直前に草刈りをすれば、その年に種子を生産することができなくなる。それが毎年続けば、多年草（数年生きる草本）であってもやがて絶滅するに違いない。昆虫についてはよくわかっていないが、移動できる成虫期よりも移動できない幼虫期の草刈りが大きなダメージを与えることは想像に難くない。

グッドタイミングはいつ?

私たちは飯島に点在する一〇〇か所近いミヤマシジミの生息パッチを、何年も継続して調査してきた。草地の管理者が違えば草刈りの回数や時期も違うので、それがミヤマシジミに与える影響を調べることができるはずだ。ミヤマシジミの成虫は、六月上旬から一〇月にかけて、世代交代しながら三、四回発生している。八月以降は世代が重なって明確ではないが、六月と七月の成虫の発生時期（つまり世代）ははっきり分かれている。

まず年間の草刈り回数と幼虫の個体数の関係を分析した。成虫の方が数を調べやすいが、一時的に滞在する個体や、他から侵入してきた個体もいるので、草刈りの影響をきちんと調べるには幼虫の数を指標にする方が適している。その結果、五月から八月のあいだで二回以上の草刈りをすると明らかに幼虫の数が減ることが分かった。あまり刈り過ぎると、幼虫の餌であるコマツナギの量が減ることに加え、幼虫への直接的なダメージが高まるからだろう。

つぎに、草刈りが一回のみだったパッチを対象に、草刈りの時期と幼虫の個体数の関係を分析した。その結果、七月中旬から下旬に草刈りをした場合に、三世代目の幼虫の数が最大になることが分かった。この時期は、ちょうど二世代目の成虫が現れる時期にあたる。成虫は草刈りによる攪乱から一時的に逃れることができるので直接のダメージが少なく、他の時期に刈るよりも次世代の幼虫の数が増えたのだろう。

保全と営農の両立を

だが、ここで注意すべき点がある。農地周辺の土手の多くは農家が管理していて、草刈りはそれなりの理由があって行っていることを忘れてはならない。見た目をよくするだけでなく、実用的な意味もある。まずもっとも大きな理由は、水田害虫であるカメムシの被害を防ぐためである。昔はニカメイガやウンカなど、イネにはさまざまな害虫がいて農家を悩ましたが、いまはカメムシが主要な害虫となっている。カメムシは、イネが花を咲き終え、穂が出る八月初旬になると周辺の草地から水田に侵入してくる。カメムシの害は、口吻（こうふん）と呼ばれる針のような口をイネの若い種子に差し込み、その中身を吸汁することで起こる。それが原因でコメに黒っぽい斑点ができるが、これを斑点米という。五〇〇粒に一つ斑点米があるとコメの等級が落ちて価格が下がる。

カメムシによる斑点米の被害を防ぐには、イネの穂が出る前に周辺の草地の草刈りをすることが推奨されている。イネの穂が出る前の時期は、地域の気候や田植えの時期により異なるが、多くの地域では七月中旬から下旬になる。これは、図らずもミヤマシジミにとって草刈りのダメージがもっとも小さい時期と一致する。カメムシの被害を防ぐことが目的であれば、この時期にしっかり草刈りをすれば済むわけで、草丈を常時低くする必要はないのである。害虫防除とミヤマシジミの保全は十分両立できるはずである。

土手の草を刈るもう一つの理由は、土手の土を固めて崩れにくくすることである。草刈りを減らすと植生が豊かになるだけでなく、土壌もふかふかの富栄養状態になる。するとミミズが増え、それを餌とするモグラも増えることで、土手が穴だらけになって崩れやすくなるらしい。まるで「大風が吹けば桶屋が儲かる」のたとえ話のようだ。私が知る限り、この因果関係は科学的には立証されていないが、農家の人たちの一致した見解で、おそらくそのとおりだろう。

ミヤマシジミにとって望ましい年に一、二度の草刈りの場合、刈り取った草を土手に放置せず、外へ持ち出せば有機物が土壌に蓄積することを防げ、ミミズやモグラが増えて土手が崩れる心配もないはずだ。ただ、大規模な土手で刈り取った草を外へ持ち出すことは重労働である。だが、ミヤマシジミの保全と営農を両立させるには、そうした取組みは必要だ。今後、地域や行政によるサポート体制の組立てが求められる。

適切な管理の成果

ミヤマシジミが四年で五倍の数に

ミヤマシジミの生息パッチの中で個体数が多い場所を対象に、二〇一九年から私たちが草刈りをすべて引き受けることにした。それには主に二つの目的があった。一つは、ミヤマシジミにとって棲みやすい環境を整えることで、飯島町全体でミヤマシジミの個体数を回復させることである。もう一つは、草刈りの高さを変えた実験区［写真3−9］を造り、刈り取りの高さがミヤマシジミの個体数に与える影響を数値として確かめることにあった。地際から刈った区、一〇センチの高さで刈った区、二〇センチの高さで刈った区の三段階を造った［図3−10］。

D君が二〇件以上の土地所有者と直談判して、自由に草刈り管理をすることを認めてもらった。その後は毎年、学生らが年に二回程度の草刈りを続けているが、最近では地元の有志の方々も協力してくれるようになった。管理をする土手の数は合計すると三〇か所にもなる。長さが一〇メートルほどのものから一〇〇メートルを超える大規模なものまである。真夏の炎天下の草刈りと草の持ち出し作業は過酷である。学生たちが真っ黒になりながら、黙々と作業し

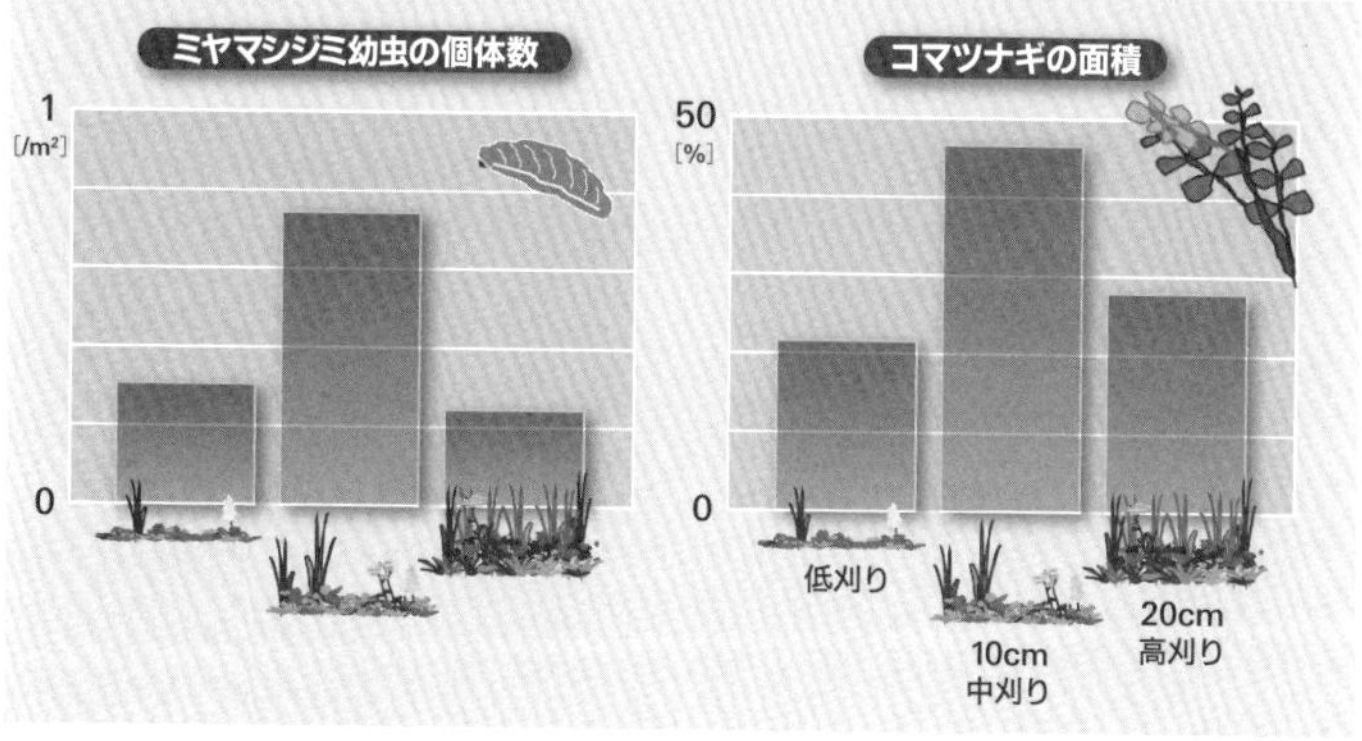

［写真3–9］▶**草刈り実験区の風景　写真提供：出戸秀典**

草刈りの高さは三段階に変えられ、土手のいちばん手前が、草丈をもっとも低く地際で刈り取った区画。

［図3–10］▶**刈り取る高さを変えた草刈り実験区におけるミヤマシジミの個体数とコマツナギの面積　図：葉 雁華ら（未発表）**

草丈を10cm（中程度）で刈った所でコマツナギもミヤマシジミの幼虫の数も増える。

ている姿に、地元の人たちも共鳴してくれたのであろう。何より、私の指示をまったく受けずに学生たちが自主的に継続してくれていることに敬意を表したい［カラーiii上］。

努力の甲斐あって、管理している場所ではミヤマシジミの数は順調に増えている。実験開始から四年後には五倍以上に増えた生息パッチも少なくない。顕著に数が増えたのは、一〇センチ（つまり中程度）の高さで草刈りをした区である。やはり地際で刈ると幼虫やコマツナギに対するインパクトが強すぎ、あまり高い位置で刈るとイネ科草本などが旺盛に繁茂して、コマツナギを圧迫することが原因と考えられる。

さらに興味深いこととして、草丈が高いほど寄生バエやシヘンチュウによる寄生率が高くなったことである。どうやら寄生バエやシヘンチュウは、植生が豊富な環境を好むようである。ミヤマシジミにとって、丈の高い草地は食草のコマツナギが衰退するだけでなく、天敵も増加するという二重苦によって、数が減ることが分かったのである。

ネットワークでつながる生息地

生息パッチ（ノード）とリンク

前章で紹介したとおり、多くの生物は生息地と生息地のあいだを移動する。移動はさまざまな理由で起こるが、生息地の環境が不適な場合に、より好適な生息地を求めて移動することがよくある。移動には、好適な場所が見つからずに野たれ死ぬことや、移動中に天敵に遭遇するリスクを高めるなどのデメリットもあるのは確かである。だが、メリットの方が総じて高いので移動する習性ができたと考えてよい。

一般にネットワークは、ノード（点）とリンク（線）の二つがつぎつぎと組み合わさることでできる。インターネットでいえば、個々のコンピュータがノード、コンピュータをつなぐ回線がリンクといえる。生息地のネットワークでは、ノードは生息パッチ、リンクはパッチ間をつなぐ線に対応する。インターネットはノードで世界中がつながっているので巨大なネットワークができあがっているが、生物の場合は移動には限りがあるのでそうはいかない。リンクは比較的近い距離の生息パッチだけに限られるはずだ。

飯島ではミヤマシジミの生息パッチが数キロメートルの範囲内に多数点在している。何らかの理由で数が少なくなっても、周辺から移動してきた個体で補充されれば、生息地の個体数は維持されるはずだ。だが、移動能力には限りがあるだけでなく、離れるほど途中で野たれ死ぬ可能性も高くなる。では、生息地のネットワークのリンクはどの程度までつながっているのだろうか。

前章では、ジャノメチョウで翅にマークを付けて放し、生息地のあいだをどれほど移動するかを調べて話をした。だが、ミヤマシジミはジャノメチョウよりはるかに体が小さいので、手でつかんで無理にマークすると、その影響で体を痛める可能性がある。また、移動を評価するには少なくとも一〇〇匹ほどの数をマークしないと意味のある結果が得られない。絶滅危惧種であることを考えれば、マークによるリスクは避けるべきであろう。

遺伝子レベルからもネットワークを推定

そこで、私たちは全パッチの個体数を調べ、それを統計分析にかけることで、間接的に周辺からの移入が個体数を底上げする効果を推定した。手法の詳細は高度に専門的なのでここでは省くが、要はあるパッチからのさまざまな大きさの円を地図上で発生させ、円内にある別の生息地の個体数で潜在的な移入元であるという前提をおいて分析した。その結果、ある生息地から半径三〇〇メートル以内にある別の生息地が、個体数の底上げに関与していることが推定された。つまり、ミヤマシジミの生息地のネットワークのリンクは、三〇〇メートル以内で繋がっていたのである。この距離は、以前に栃木県の鬼怒川の河川敷に棲むミヤマシジミで調べたものとほぼ同じだったことから、本種にとって一般性がありそうだ。逆に考えると、周囲三〇〇メートル以内に他の生息地がないと、そこは孤立した生息地であり、何らかの理由で一度絶滅してしまうと、もはや周囲からの移入で個体数が回復する可能性は低いことを意味している。

私たちは個体数とは別に、遺伝子レベルからもネットワークを推定した。遺伝子による評価は、個体数での評価よりも長い時間スケールでの個体の交流を測ることができる。なぜなら、ごく少数個体の交流であっても、遺伝子中にその痕跡があとあとまで残るからである。解析の結果、一キロメートルほどの範囲内では遺伝子の構成が類似しているが、それ以上離れると遺伝子の構成が多少異なってくることがわかった。

逆に言えば、周囲一キロメートル以内に他の生息地がないと、個体の移入は期待できず、いったん絶滅が起きると、もはや自然に回復することは絶望的と言ってよい。昔、伊那谷の台地上には数十キロにわたってミヤマシジミの生息地が点々と広がっていた。それらは、蝶の移動を通してつながった大規模なネットワークになっていたに違いない［図3-11］。だが、土地改変や草地の管理放棄などにより、つぎつぎと生息地がつぶれることでネットワークが寸断され、生息地は孤立し、やがてつぎつぎに消えていったのだろう。これはドミノ倒しのような負の連鎖である。飯島町ではいまでも数キロの範囲内に一〇〇近い生息パッチが残っている。そのネットワーク構造こそが、いまでも一〇〇〇匹を超えるミヤマシジミが生息している主たる理由であることは間違いない。

河川の生息地

なぜ姿を消し回復しないのか

蝶の愛好家のほとんどは、ミヤマシジミは河川沿いの生き物という認識をもっている。ある人は「カワラシジミ」という名が似つかわしいとさえ述べている。伊那谷では昔、農地周辺の土手や荒れ地にたくさんいたので、私は河原にいるという意識はまったくなかったが、全国的にはそのとおりだろう。だが近年、河川沿いの生息地からミヤマシジミの姿がつぎつぎと消えている。荒川中流域では三〇年ほど前に消失したことは、愛好家のあいだではよく知られている。

新潟県の十日町あたりの信濃川中流域には、国交省も保全に関わっていたほど有名な生息地があったが、私が新型コロナウイルスの流行直前に訪れたときにはまったく見られなかった。その後に訪れた人もやはり発見できていないので、絶滅したらしい。堤防や河川敷にはいまでもコマツナギがたくさん残っているので、なぜいなくなったのか不明である。静岡県の一級河川もミヤマシジミの生息地が数多く点在していたが、安部川や大井川からは姿を消し、天竜川

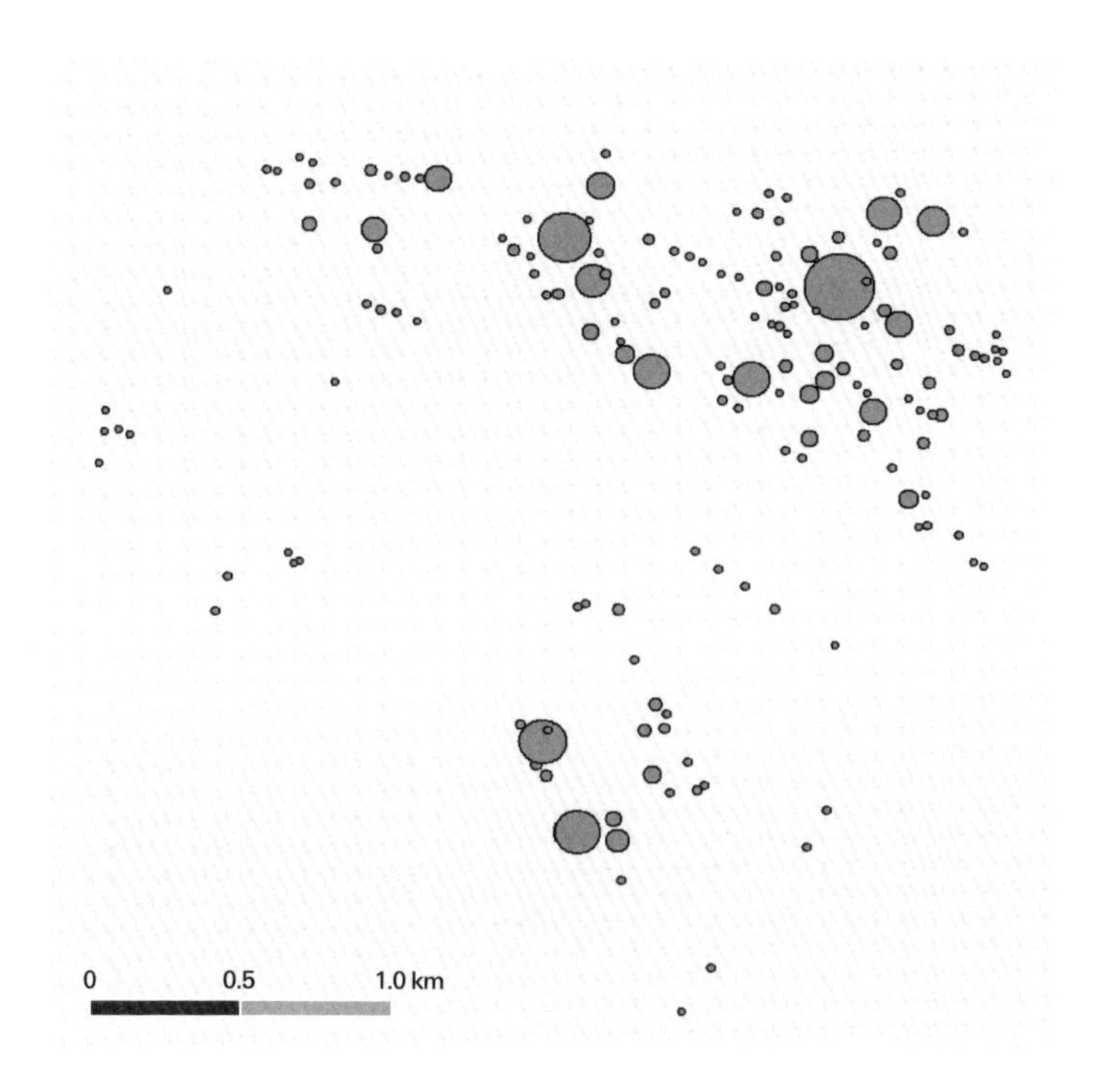

[図3-11]▶ミヤマシジミの生息地の空間分布

丸の大きさは、個体数などで評価したネットワーク全体のなかでの重要度を示す。
図：出戸秀典ら（未発表）

の下流部でわずかに生き延びているだけのようだ。

伊那谷の天竜川沿いの生息地も、かつてはかなり広範囲に分布していたが、いまでは二〇か所以下になっている。飯島町では天竜川沿いの堤防で一か所、支流の与田切川の上流部に一か所の生息地があり、二〇一八年頃までは毎年かなりの数が見られたが、その後突如として姿を消した。ここではコマツナギが健在で大きな環境変化があったわけではないが、その後何度か訪れたが発見できないので絶滅したようだ。他にも絶滅とまではいかなくても、一〇〇匹以上が確認されたその翌年に、一〇匹を下回るほど激減した場所もある。

では、なぜ河川沿いの生息地からつぎつぎと姿を消しているのだろうか？　急減または絶滅した理由は正直わからないが、その後に回復しない理由は明らかで、近隣に生息地がなく、個体が移入できないからだろう。河川沿いの生息地は、河原に広大な生息地が連続的につながっていることはまずない。昔はそうした状況もあったのだろうが、コンクリート護岸が進み、河原には樹林が広がり、多くの開放地では外来草本が占拠してしまった現在、河川沿いの生息地は、キロメートル単位で隔離されてしまっている。私たちの研究から、一キロメートルを超える孤立化は、もはやミヤマシジミの分散能力からして移入は極めて困難であることが分かっているので、この推測は理にかなっている。いま、河川沿いでは、まさにドミノ倒しのように局所的な絶滅が起きていて、憂慮すべき状況にある。

再導入の挑戦

佐渡のトキ、豊岡のコウノトリのように

いったん地球上から絶滅した生物は、残念ながら二度と呼び戻すことはできない。

ジュラシックパークのように恐竜を復活させることは夢物語に過ぎない。近年、遺伝子操作の技術が進み、新鮮な遺伝子が残っていればクローン個体の作成の道も拓かれつつあるが、正常な生物がよみがえる保証はない。卵や精子の凍結保存の技術も進んでいるが、そもそも生物が生息できる環境が自然界から失われていれば、将来の野生復帰は絶望的である。

しかし、まだ生息できる場所が残っているのであれば、人工飼育や繁殖などにより増やした個体を野外へ導入し、集団を再生することは可能である。野生生物の復活をめざして、一度絶滅した場所に個体を放すことを「再導入」と呼ぶ。新潟県佐渡市のトキや、兵庫県豊岡市のコウノトリの再導入の事例はマスコミなどでも紹介されてきた。

とはいえ、再導入にはさまざまなリスクや不確実性が伴うことを忘れてはならない。まず、野外に個体を導入しても、定着して数が維持されなければ目的は達成されない。放すことは手段であり、目的ではないからだ。十分な餌が得られるのか、繁殖場所はあるか、天敵の問題はないか、生息地の広さは十分か、などが挙げられる。どこまで環境条件が整えば定着が見込め

るかを事前に予測することは容易ではないので、ある程度の試行錯誤はやむを得ない。

つぎに、導入先の生態系や生物たちに悪影響をもたらすことがあってはならない。外来種問題の轍を踏んではならないということである。かつてその種が生息していた場合には悪影響は考えにくいかもしれないが、生態系の構成メンバーや人間社会の情勢が大きく変わっていれば、必ずしも安全とは限らない。オオカミのような捕食者はもちろん、草食動物の場合も農作物や自然植生を食い荒らす恐れを慎重に検討しなければならない。イノシシは絶滅した地域に無計画に放獣され、その結果、作物被害や人的なリスクを引き起こしているのである。

また、遺伝的に異なる別の地域からの導入は、基本的に控えたほうがよい。多くの野生生物では、同じ種であってもそれぞれの地域の環境に適応し、遺伝的な構成が異なっていることが多い。遠く離れた地域から個体を導入することで、もともとあった適応的な遺伝子構成が崩れてしまうかもしれない。種間交雑が問題であることはよく知られているが、種内でも同じ問題が起きえるのである。

最大とされる生息地ですら

ではミヤマシジミの場合はどうだろうか？　まず、幼虫はコマツナギのみを食草とし、農作物や生態系に被害をもたらす生物ではない。つぎに、ミヤマシジミはかつて伊那谷に広域に分布しており、残存している個体から増殖させた子孫を、かつていた場所に放すことは、遺伝的な観点からも問題はない。ただ注意すべきは、個体が少数ながら残存している生息地に、一〇キロメートル以上離れた地域の個体を放すことは望ましいとは言えない点である。私たちの研究から、一〇キロメートル以上離れると遺伝子構造がある程度異なることが分かっているからである。飯島町は日本で最大のミヤマシジミの生息地であるが、それでも現在は南部に生息地が集中し、北部ではほぼ絶滅している。また南隣の松川町では、天竜川沿いの限られたエリア以外では完全に絶滅してしまった。もちろん、現在たくさんの生息地が点在している地域でも、今後も安泰とは限らない。現存の生息地を保全するだけでなく、生息地のネットワークを将来的に確保するには、ミヤマシジミの生息地を復活させるための技術をいまのうちから確立しておく必要がある。

再導入を準備するには、まず大量に採卵して幼虫を飼育する必要がある。幸い、野外で採集したミヤマシジミの雌の多くはすでに交尾を済ませているので、一匹から数十の卵を産んでくれる。生息数の多い場所から、それぞれ五匹程度の個体を採集して母蝶とし、一五〇〇卵を採取できた。採集した母蝶の数は、もとの生息地の雌の数の一〇分の一以下なので、採集による影響は無視できると考えてよい。幼虫はチャック付きのビニール袋にコマツナギの葉とともに入れて飼育すれば、八割程度の個体が蛹になるまで生き延びることも分かった［写真3-12］。

蛹になった直後に、雨が直接入りこまないプラスチックケースに入れ、飯島町の五か所と松川町の二か所に設置した。いずれも、かつてはミヤマシジミが生息していた地域で、コマツナギの群落は小規模ながらいまでも比較的まとまって見られる場所である。

結論から言うと、蛹が成虫になった第一世代には多数の成虫が見られたが、二か所では第二世代で絶滅、残りの五か所では第三世代の成虫まで見られた。多い場所には二〇〇匹の蛹を放したが、それでも第二世代目が見られない場所があった。三世代まで出現した場所と、一世代のみで絶滅した場所では、コマツナギの株の数や生育する面積、共生アリの数など、定着に関係しそうな要因に明らかな違いはなかった。再導入の研究はまだ手始めなので、そもそも成功したかどうかの判断もまだできていない。基本は雌が生息地から移出することが定着の失敗と踏んでいるが、今後の研究に待ちたい。

偽穀物としてのソバ

穀物は風媒花、偽穀物は虫媒花

蕎麦は日本食の代表であるが、いまのように細長い麺として食されるようになったのは江戸時代後期からである。それまでは「蕎麦がき」としても知られているように、団子や餅のような

[写真3-12]▶**ミヤマシジミの大量飼育**
小型のビニール袋に幼虫と食草を入れている。　写真提供：秋山　礼

塊として食べていた。

ソバの原産地は、中国奥地の雲南省あたりと考えられている。日本でも縄文時代から一部で栽培されていたらしい。江戸時代には、イネなど主要作物が不作の飢饉のときに備えた救荒作物として作付けされていた。最近では、ルチンなどの栄養素が豊かで、炭水化物が少なく、ヨーロッパなどでは健康食品としてもてはやされている。アメリカではクッキーの材料として使われているらしい。

日本でもソバの人気は衰えを知らない。駅の立ち食い蕎麦から、少し高級な手打ちや石挽蕎麦まで、庶民にとってさまざまな形で楽しまれている。駅蕎麦などはロシアやウクライナなどの海外から輸入された粉を使っているらしいが、国産を売りにしている店も多い。なかでも、信州は蕎麦処である。

ソバはいっけん穀物のようだが、正確には偽穀物に分類されている。イネやコムギはイネ科の植物で単子葉類だが、ソバは双子葉類のタデ科であるため、「偽」というありがたくない名がついたのである。穀物と偽穀物では、花粉が運ばれる仕組みも違う。穀物は花粉が風で運ばれる風媒花で、偽穀物であるソバは花粉が昆虫により運ばれる虫媒花である。またソバの花には、雄しべが長く突出したタイプと雌しべが長く突出したタイプの二種類がある[写真3−13]。どちらの花が咲くかは、株単位で決まっている。異なるタイプのあいだで花粉が運ばれないと

[写真3−13]▶2種類のソバの花
右は雄しべが長く突出した短花柱花、左は雌しべが突出している長花柱花。　写真提供:筆者
[写真3−14]▶ソバの花のうち、実になったもの(左)とそのまま枯れたもの(右)
異なるタイプのあいだで花粉が運ばれないと結実しないソバは、通常の花に比べて結実しにくく、花の40パーセントが結実すればよいとされる。　写真提供:丁野梨沙

結実しないので、ソバは通常の植物よりも結実しにくい。実際、花のうちの四〇パーセントに実ができれば上出来である［写真3－14］。

ソバ畑には殺虫剤も除草剤も不要

ソバは他にもユニークな特徴がある。まず、大きな被害をもたらす害虫が少ないことである。皆さんは「蓼(たで)食う虫も好き好き」という諺を知っているだろうか。中国の古い慣用句らしいが、日本では、「辛みがあるタデの葉を食べる虫がいるように、人の好みはそれぞれだ」というたとえである。タデ科の植物は田畑の周りに雑草としてたくさん生えていて、ギシギシやスイバもその仲間である。スイバは文字どおり「酸い葉」である。幼少期、母親からスイコンボと教えられ、茎をちぎって汁を吸った覚えもある。ソバも茎をかじるとほんのり酸味があり、茎を調理して出す店もある。

植物の酸味や苦みは、おしなべて昆虫に対する防御物質としての役割をもっている。そのようなわけでソバには害虫が少ない。私の経験では、ヨトウガの幼虫やアブラムシが小規模に発生しているのをたまに見かける程度である。葉が虫に食われた跡もほとんど見かけない。そのためソバ畑では基本、殺虫剤を撒かなくてよい。

ソバのもう一つの特徴は、成長がとても速く、たいていの雑草に打ち勝つことができることである。畑に種をまくと数日で芽が出て日に日にぐんぐん成長し、夏場であれば三週間もすれば蕾ができ始める。一か月後には一メートル近くの草丈になり、白い花をたくさんつけるようになる。これほど速く成長する雑草はほとんどないので、ソバ畑は一面ソバが優占することになる。やや遅れて成長するヒユやイヌビエも混ざるが、量的にはごくわずかである。だから、水田や通常の畑で必要な除草剤を撒く必要がないし、手で草取りをする手間もいらない。ソバは殺虫剤も除草剤も必要ないので、栽培そのものが環境保全型の農業とみなすことができる。

ただ、ソバには湿害が起きやすいという大きな欠点がある。元来が降水量の少ない地域に自生していた植物だからだろう。とくに、播種後から一〇日間までの芽生えの時期にたくさん雨が降って土壌に水分が充満すると、多くの実生が枯れるか、発育不良で順調に成長できない。花の時期になっても、白いソバ畑というよりは、赤茶けた、見るからに貧相な畑になってしまう。当然こうなればソバの収量は激減する。ただ、同じ量の雨が降っても湿害が出やすい場所とほとんど出ない場所がある。

要は水はけの問題である。飯島町のように、水田とソバ畑を年によって交代している場合、完全に水はけがよいと、水田としては水が抜けてまともに機能しなくなるので、ジレンマに陥る。ソバの株と株のあいだに溝を掘って、根元に水がたまらないように工夫すれば多少は緩和されるが、大雨が降ればその効果も期待できない。結局、ソバ畑は水田とは対照的に、水はけがよい場所に作るのが適切である。

ソバの花に来る昆虫たち

小型昆虫がソバの結実に貢献

真っ白に花が咲き乱れるソバ畑は、美しく絵になる光景である。だが、ソバ畑に近づくと、一種独特の臭いがするのに気づくだろう。言葉では表現しにくいが、牛糞の臭いにたとえる人もいる。花はふつう「匂い」と書くが、ソバはどちらかと言えば「臭い」がふさわしい。そのせいかどうかわからないが、ソバには非常に多種多様な昆虫が訪れる。ある人によれば、昔はソバ畑に昆虫がたくさんいすぎるので、中へ入るのを躊躇するほどだったという。だがいまでは当時の面影はない。季節にもよるが、畑の縁をゆっくり歩いても、ちらほら虫の影を見る程度である。

環境省の主導で実施している「モニタリングサイト1000」の調査によれば、二〇〇〇年以降、日本各地でごく普通種の昆虫の数が減少しているらしい。私の感覚も同じで、野を歩いていても、以前はふつうに見られた蝶の数がめっきり減った印象である。ソバは昆虫による花粉媒介がほぼ必須な作物なので、気になって収量の年次変化を調べてみると案の定だった。一九六〇年代から二〇一〇年代半ばまでの農水省がまとめた全国のソバの収量（一〇アール当たり）は、二〇〇〇年あたりを境に明らかに減っている。減少要因についてはとくに言及されていないようだが、ソバの作付面積が全国的に拡大し、不適地にも作付けが広がったからという見解もある。湿害に弱いことを考えれば、それもあるとは思うが、やはり昆虫の減少は無視できないと考えている。ただ、過去に遡ってソバ畑に来ている昆虫の数を調べることはできないので、想像でしかないのだが。

それでもソバ畑にはいまでも多様な昆虫が訪れている。学生のN君の調査によれば、飯島町の畑だけでも一五〇種を超える昆虫が記録されている。ナシやリンゴ、キュウリなどの花に来るのは、ほとんどがミツバチ［写真3－15］などのハナバチ類やハナアブなどの一部のハエの仲間だが、ソバには、ハナバチ類、カリバチ類（スズメバチ、アシナガバチ、寄生バチを含む）、ハナアブ、その他ハエ類、ハナムグリ（甲虫）［カラーii］、蝶、小型の蛾類、アリ［写真3－16］、カメムシ、テントウムシなどが訪れている。蝶だけでも二〇種以上は記録され、植物全般に訪花する蝶は、ほぼ例外なくソバの花にも訪れている。

どの昆虫もソバの花から蜜の恩恵を受けていることは疑いない。だが、それはどの昆虫も等しくソバの結実に貢献していることを意味してはいない。私たちの最初の疑問はその辺にあった。じつは私がソバに注目したのは、知り合いのTさんがソバの結実についての重要な情報を論文に書いていたからだった。それは以下のとおりである。

①――網戸のように細かいメッシュの袋をソバの花にかぶせると、花はほとんど結実しない。

②――五ミリ四方ほどの粗いメッシュの袋をかぶせると、袋をかぶせない花の半分ほどが結実した。

まず①は、ソバが結実するには昆虫が花に来ることがほぼ必須であることを意味している。つぎに②については、ミツバチや蝶のように大きな昆虫が訪花しなくても、小型の昆虫だけでも結実にある程度貢献していると言える〔写真3―17〕。私たちの追試実験でもほぼ同じ結果が得られた。大型昆虫と小型昆虫（小型のハエやハチなど）は、ほぼ同程度に結実に貢献していたのである。

アリがソバの実りを五〇パーセントアップ

私たちがとくに注目したのはアリである。アリはもちろん小型の昆虫だが、かなりの頻度でソバの花に来ている。アリは作物の送粉者としてはほとんど注目されておらず、海外でもわずかにマンゴーの送粉に役立っている可能性が示されていた程度であった。捕らえたアリをじっく

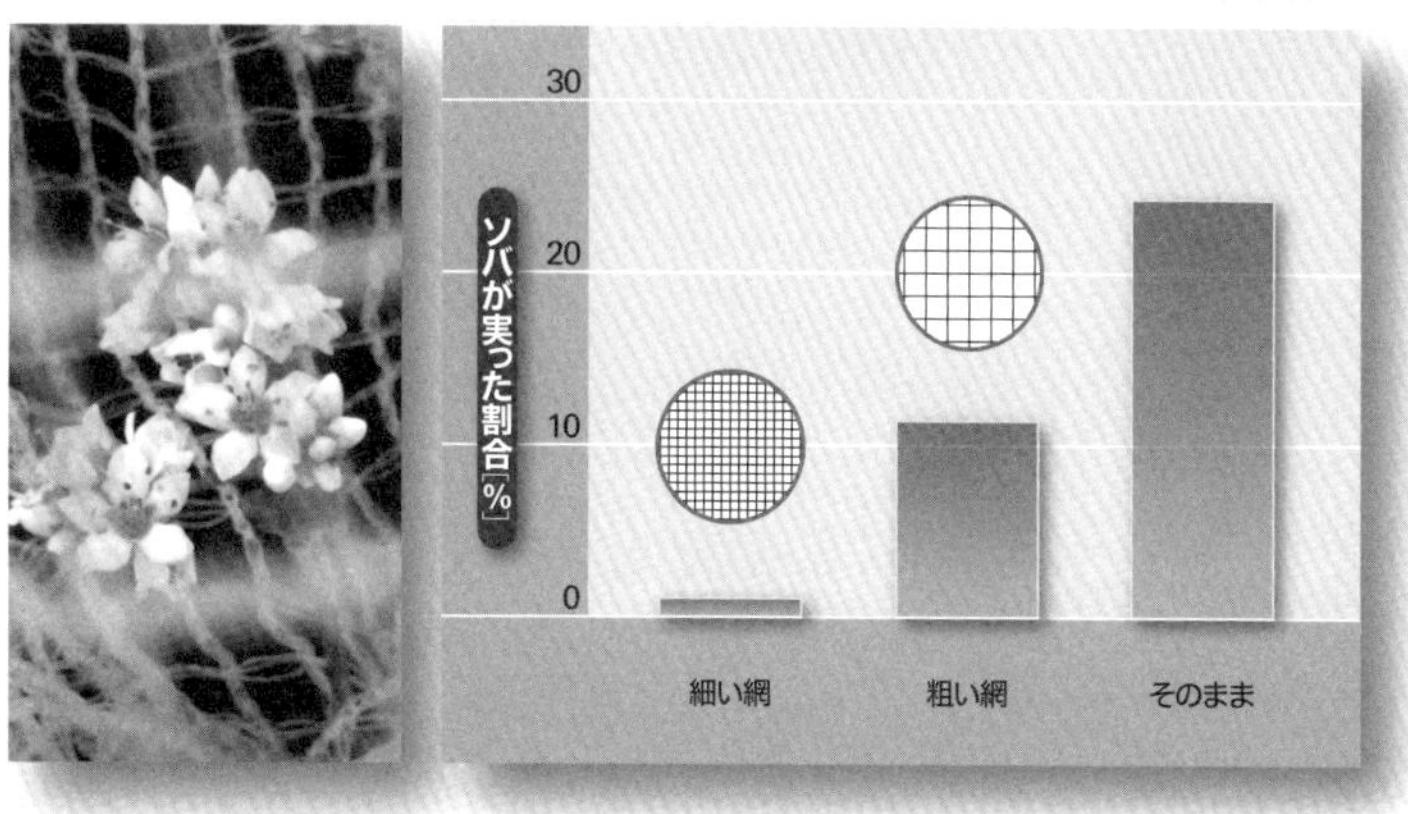

［写真3−15・16］▶ソバの花にやってきたニホンミツバチとクロヤマアリ　写真提供：永野裕大
［写真3−17］▶袋掛けしたソバの花（左）と結実したソバの花の割合
果たして昆虫はソバの結実に貢献しているのだろうか。花にメッシュの袋を掛けて実験した結果を示すグラフ。大小いずれの虫も、結実に貢献している。　写真提供：筆者

り見ると、たしかにソバの花粉が体のあちこちに付着していた。

そこで、ソバの株からアリのみを排除する実験をして、ソバの結実が果たして低下するかどうかを調べてみた。アリだけを排除し、他の昆虫は排除しないことは意外と簡単である。アリは翅がなく空中を飛んでソバの花には来られないので、必ず地面から茎をよじ登って花に到達する。いっぽう、他の昆虫は地面からわざわざ上ってくることはなく、飛翔して空中から花へ直接アクセスする。なので、ソバの株の根元を囲うような背の低い障壁を作れば、アリだけを排除することができる。

私たちは、クリアファイルを細長く切断し、それを曲げて円柱を作り、ソバの根元を囲う実験をした。アリはクリアファイルのツルツルの壁面をまず登ることはできないが、念のため粘着物質を壁面に添付してアリが完全に登れないようにした。そうした処理を施した株と、何もしない株でソバの花の結実を比較し、差し引きを計算すれば、アリの貢献を正味で評価できるというわけだ。実験の効果はてきめんで、自然状態の株ではアリを排除した株よりも、結実率が一・五倍ほど高くなることが分かった。つまり、アリはソバの実りを五〇パーセントもアップさせていたのである。

この結果はマスコミも興味を持ってくれて、信濃毎日新聞に「ソバ結実一・五倍　アリがたい働き」というB級ギャグのような見出しつきで掲載された。だが、その後の調査では、アリが働いてくれるのは畑の縁から数メートルの範囲内で、畑の中心部ではアリはほとんど花に訪れていないことも分かった。アリの巣は畔の窪みなどになるので、わざわざ畑の真ん中まで遠出することがないからだろう。それでも、日本のソバ畑は小規模でタテ長のものが多いので、アリの働きが及ぶ範囲は面積に換算して半分ほどになることも少なくない。小規模の畑ほど、アリのご利益は大きいと言えそうだ。

多様な昆虫の意味

結実への貢献が高いのは?

アリは地面から這いあがってくる昆虫なので、その効果を他の昆虫と分けることは可能である。だが、他の昆虫はどれも飛翔して花に訪れるので、どの種がどの程度の貢献をしているかを評価することは難しい。網掛けによる実験でも、大型と小型昆虫の役割を分けることはできたが、それ以上の細かな種ごとの貢献はわからない。

もちろん花の前に陣取って訪花したすべての昆虫を記録し、その後の結実率を記録すれば、種ごとの結実への貢献を評価できるかもしれないが、労力的に現実的ではない。そこで私たちが考案したのは、ソバの花の前にビデオカメラを設置し、どんな昆虫が訪れるかを網羅的に明らかにする方法である。ソバ畑では二週間程度は花がつぎつぎと咲き続けるが、個々の花で見ると、蕾が開いて開花して蜜を出している期間はわずか一日である。前日に花序(花が多数ついた房)に細かいメッシュの網をかけ、翌日に網を外してその日に咲いた花をカメラで撮影し、撮影後に再び袋をかぶせる作業をすれば、その花に来た昆虫はすべてビデオで記録できるはずだ。

花が結実するかどうかは、一〇日もすればわかるので、花に来た昆虫の種類や個体数と結実の関係を紐づければ、ある昆虫の一回あたりの訪花で結実する確率を推定できる。私たちは、長時間撮影ができるビデオカメラを一〇台以上購入していろんな畑に設置し、来る日も来る日も撮影した。面倒なのは、後日、ビデオを再生してどんな昆虫が訪れたかを花ごとにチェックする作業と、回収して持ち帰った花序から実と萎れた花を仕分けてカウントする作業である。後者はアルバイトに頼めるが、前者は昆虫の同定能力が必要なのでそうはいかない。学生のNさんが長時間にわたる地道な作業を行うことになった。

その結果、ミツバチなどのハナバチ類やコアオハナムグリ(小型のコガネムシの一種)が結実への貢献が大きいことが分かった。アリの一回あたりの貢献はかなり低かったが、アリは個体数が多く、花に来る回数が大きいので、トータルではかなり貢献していることが分かった。他にも、ハナアブや蝶もそれなりに貢献していた。やはり、ソバにはいろんな種類の昆虫が訪れ、それぞれが少なからずの貢献をしていたのだ。北海道やヨーロッパの広大なソバ畑では、セイヨウミツバチやマルハナバチなどが圧倒的に多かったのと対照的である。

安定した生産を可能に

作物の送粉にはハナバチが重要というのが半ば常識だったが、どうやらそうでもないということが分かった。とくに二〇一九年はハナバチ類がほとんど来なかったが、それでもソバの実りはとくに低くなかったことは注目すべきだろう。ある種が減った年には、別の種が役割を発揮するというのは、まさに多様性のご利益である。経済の分野では、リスクヘッジという概念がよく知られている。タイプの異なる株に投資することで、大損を避けるという知恵である。その意味で、多様な昆虫が来るソバは安定した生産が可能になっているのだろう。

多様な昆虫がいることは、もっと短期的な環境変化に対しても有効である。昆虫は一般に天気が良い日に盛んに飛びまわるのはよく知られている。だが、種によって天候に対する反応はかなり違うことが分かってきた。ハナバチや蝶、コアオハナムグリなどの大型の昆虫は気温が高く、晴天の日に盛んにソバの花を訪れるが、ハエやアブ、アリなどの小型昆虫は気温がやや低く、曇天の方がむしろ数が多い傾向にある。体が小さい昆虫は、体重に比べて体の表面積が相対的に大きく、高温下で活動すると水分の消失が激しいかららしい。人間でも大人よりも子どもの方が水分の消失が激しいことと理屈は同じである。もちろん、雨の日や強風が吹く日は、どんな昆虫も飛ばないので論外だが、天候が多少は日変動しても何らかの種類の昆虫がソバの花に訪れるので、安定的に送粉が行われることになるのである。

畔の植物とソバの実り

畔や土手の草地の活用

ソバの花が咲くのはせいぜい三週間ほどである。飯島町は年二回、六月と九月にソバが満開になるが、足し合わせても昆虫にとってソバの花を利用できるのは一か月少ししかない。それ以外の時期、昆虫たちは別の植物を利用するしかない。農地や道路沿いの畑、林の縁、人家周辺には野生植物があり、それらから花蜜を得ているに違いない。

私は以前、都心のど真ん中の大学の屋上で、ソバを植木鉢で育てたことがある。ミツバチなどのハナバチやヒラタアブなどがどこからともなく訪れてきたが、都心でもちょっとした林や草地があれば、何とか送粉者が暮らしていけるのは確かである。ただ、都会で豊かなソバの実りを期待することはとうてい無理な話である。

茨城県の里山での調査によれば、ソバ畑の周辺に森林があるとソバの実りが高まることが知られている。ニホンミツバチなどの野生のハナバチや、ハエ類など小型昆虫の数が多いからららしい。里山は、そもそも農地や雑木林などがモザイク状に組み合わさった環境なので、送粉サービスにとって好適な景観であることは間違いない。以前、JAの職員の方から、ソバは放っておけば勝手に実るのだから研究する意味があるのか、と聞かれたことがある。たしかに一理あるが、いつでもどこでも同じ数の昆虫が来るわけではないので、何らかの工夫によりソバの実りを増やすこともできるかもしれない。

そこで私たちが注目したのは、畑の周りにある畔や土手の草地である。畔と土手はあまり意識して区別することはないが、畑や田んぼの縁にある細長く平坦な部分を畔、それにつづく斜面は土手である。農家の人は畔を歩くことはあっても、土手を歩くことはまずない。農地のほかにも、道路沿いの傾斜面も土手である。畔や土手は小規模ながらも草地があり野生植物の花もあるので、昆虫たちの蜜源になっているはずだ。畑の隣の草地をうまく活用すれば、ソバ畑の昆虫も増え、ソバの結実も高まるのではないか。その可能性を確かめるため、二〇一九年から農家の協力を得て実験を始めた。

草刈りを控えて実りを増やす

飯島町は畑の畔の草刈りを比較的頻繁にしている。そこで、ソバの花が咲くより前の三週間ほど、農家の方に草刈りを控えてもらい、ひざ下程度の草丈が維持されるようにした。その結果、ソバ畑に来る昆虫の数は約四割増え、ソバの結実率も二、三割増えることが分かった［写真・図3―18］。草刈りを控える畑と草刈りをする畑の数はそれぞれ一〇か所以上あったので、この結果が単なる偶然ではないという手ごたえはあった。だが、地域の人たちにこの結果を宣伝し、刈り残す管理を推奨するほどの自信はなかった。そこで、同じ実験をその後三年間にわたって繰り返すことになった。

毎年ほとんど別の畑を実験対象にしてみたが、結果はほぼ同じだった。結実が二、三割増えるということは、収益がその分増えることを意味する。これは決して微々たる量とは言えないだろう。草刈りを省くという省力化が実りを増やすのだから、こんなありがたいことはないはずだ。

ただ興味深いことに、草丈が三〇センチ以上になると昆虫の数やソバの結実率が頭打ちになった。つまり、草丈が高ければ高いほどよいのではなく、ある程度の丈があればそれで十分だったのだ。野生植物の種数にいたっては、草丈が三〇センチ以上ではむしろ低下していたので、放置しすぎても効果はないことを意味している。いずれにせよ、開花の数週間前の草刈りは控えるべきという結果には変わりはない。

だが、ここで一つの疑問が浮かんだ。畑の面積の大きさからすれば、畔の草地の面積は小さ

［写真・図3−18］▶**ソバ畑（上）およびソバ畑に飛来した昆虫の個体数とソバの結実率**
草丈と昆虫による結実の関係を調べるため、ソバの開花の3週間前から計画した。
写真提供：筆者　図：永野裕大ら（未発表）

く、そこにある野生植物の花の量はソバの花の量に比べれば僅かでしかない。ソバの開花前に野生植物の花に引きつけられていた昆虫が、そのままソバ畑へ移動してもそれほど大きな効果があるようには思えなかった。そこで考えついたのは、昆虫たちは畔の植物の花ではなく、刈り残した植生構造そのものに応答したという仮説である。

ソバ畑には大量の蜜があるので、そこに来た昆虫は、その翌日もそこを訪れる可能性がある。畔の植生が豊かであれば、そこで夜を過ごし、翌日も労せずしてソバ畑を利用できる。実際、夜間に調査をすると、草むらでじっとしている昆虫が数多く見られた[写真3-19、カラーviii]。ハナムグリ、蝶、カリバチ、小型のハナバチ、ヒラタアブなど多種多様である。学生のN君の調査によれば、少なくとも五六種の昆虫が、四八種の野生植物の葉や茎、花序などで夜を過ごしていた。ちなみに、夜の畔で休んでいる昆虫たちの映像は、NHKスペシャル〝生きもの超・進化論〟ワールドキッズ&ティーンズ特別編でも放映され、多くの人から感銘の声が寄せられた。

ヨーロッパの農地との違い

野生植物を活用して送粉サービスを高める試みは、ヨーロッパでも行われている。ただし、畔などの畑の外ではなく、畑の中に比較的大規模の区画をとって、そこに花を咲かせる植物の種を撒くという処理を行っている。つまり、圃場内に人工草地を造るのである。ヨーロッパでは

［写真3-19］▶夜間にソバ畑の畦畔の草むらで寝ているハナムグリ（上）とヒラタアブ
写真提供：永野裕大

圃場サイズが日本に比べて一〇〇倍以上も大きく、畔のような小規模の草地では効果が期待できないからだろう。これは、第2章でも述べたように、圃場サイズが大きくなれば周辺長が相対的に短くなり、自然地の面積が必然的に少なくなることによる。圃場内に野生植物が生える区画を作れば、その分だけ作物を植える面積が削られることになる。いっぽう、日本のようにもとからある畔を活用すれば、何ら面積の目減りを懸念することがないのは利点である。

人工草地のもう一つの特徴は、訪花昆虫が増えて作物の結実が増えるまで三年以上を要することである。飯島町での私たちの研究では、タイムラグはなく毎年すぐに効果が表れた。この違いも日本とヨーロッパの景観構造の違いに起因していると考えている。

繰り返し述べてきたとおり、ヨーロッパの農地は平坦で圃場サイズも大きいので、周囲に草地や林などの自然地が日本に比べて圧倒的に乏しい。そうした景観では、もともと昆虫も少ないので、草地を造成して花を増やしても、多数の昆虫が集まってくることはできない。「産めよ増やせよ」で、数を増やすしかないのである。

昆虫の多くは年に一から二世代しか繰り返さないので、十分に数が増えるのに数年を要するのは当然である。一方、日本のようなモザイク性が高く、自然地が多い景観では、もともと自然地に多くの昆虫がいるので、そこからソバ畑に集まってきて数を増やすことができる。つまり、増殖を経なくても畔に適度な植生があれば、昆虫たちはそこに居ついてソバの花を頻繁に利用できるのである。

景観モザイク性の意味

景観レベルから天敵の生態を明かす

日本の里山は農地をベースに、さまざまな景観要素が入り組んでいる。それは、生物多様性を高めているだけでなく、自然からのさまざまな恵みをもたらしてくれている。すでに述べたように、畦畔の草地管理を少し工夫するだけで、畑にやってくる昆虫が増え、ソバの実りも増えるという大変ありがたい恩恵をもたらしてくれる。これは周囲に草地が多い小規模圃場の特徴に加え、農地に向かない傾斜地に森林が残っていることも関係している。実際、森林から近いソバ畑では、ハナバチが訪れる数が多いことも分かっている。

ここで、新たに害虫の天敵の存在についても触れておきたい。生物多様性が農業にもたらす恩恵、すなわち生態系サービスと言えば、送粉サービスと害虫防除サービスが双璧である。私はあまりサービスという言葉を使いたくないが、最近ではかなり普及した用語なので使うことにしよう。

日本では送粉より害虫防除の方が圧倒的に研究の蓄積がある。とくに、戦後から高度経済成長期にかけて続いた「農薬漬け」ともいうべき農業からの脱却の一つの手段として、土着の天敵による害虫防除に注目した研究が盛んに行われてきた。だが、他の農学分野と同じく、その多くは圃場内での研究に終始してきた。いうまでもなく、天敵やその餌昆虫たちが圃場内だけで生活を完結できるわけがなく、周囲の自然地と行き来していることは想像に難くない。だが、害虫の天敵の生態を景観レベルから明らかにする研究が始まったのは、ここ三〇年と言ってよいほど最近である。

アシナガクモがいる水田

水田生態系でもっともよく研究されてきたイネの害虫の天敵はクモである。じつは、私はもともとクモを材料に研究をスタートした。ここまでクモについてはいっさい触れてこなかったが、クモは陸上生態系でもっとも優占している捕食者である。そして何より興味深いのは、生活のほぼすべてにわたって糸を使い、約半数の種が網を張って餌を捕らえるという、他の生物に類を見ない習性を持っている。ここではクモ研究の一端として、水田のクモの生態と害虫との関係について述べよう。

アシナガグモ類は、全国どこの水田でもごくふつうにみられ、成体の体長が一・五センチほどの細身のクモである。水平な円網を張るグループで、日本の水田には一〇種以上が記録されているが、同じ場所では三、四種程度である。アシナガグモ類の多くは、付近に森林がある水田で数が多い傾向がある。私たちの研究も含め、およそ半径三〇〇メートル以内に森林があると数が多くなるという一般的な傾向がある。

いっぽう、イネの害虫であるウンカやヨコバイはアシナガグモが多い水田では少ない傾向がある。クモが直接捕食して減らしているかどうかは定かではないが、この両者の関係はかなり普遍的であり、クモが害虫防除の役割を担っている可能性が高い。アシナガグモ類は、水田に水が引かれてイネが成長する時期に急速に増殖する。これは水田から大量発生するユスリカを餌にしているためである。秋になって水田から水がなくなるとアシナガグモはいつの間にかいなくなり、水路や周辺の草地で見られるようになる。個体の移動を直接追跡したわけではないが、移動したからに違いない。ソバの訪花昆虫と同様、イネの害虫の天敵も水田とその周辺の自然地を行き来して生活を維持しているようだ。

日本の里山景観は、西欧の画一化した農地景観とは対照的に、元来が「自然のインフラ」ともいうべき環境が整っている。畦畔や土手にある草地、隣接する水路、そして周辺の森林などである。日本の伝統的な景観である小規模圃場や細かな起伏に富んだ地形が、送粉サービスや害虫防除サービスを維持してきたのである。だが高度経済成長期には、日本でも土地改良事業などと称して、圃場の大規模化や水路のコンクリート化などが進められた。それは水田の乾田化や機械化により農作業の効率を高めたのは確かである。それでも幸いなことに、平野部を除けば、まだまだ小規模農地や里山のモザイク性は十分維持されている［写真3－20］。

近年、ヨーロッパでは、生物多様性が豊かで生態系サービスの恩恵も大きい小規模圃場の重要性が見直されてきている。その意味からも、自然がもつ潜在力を生かし、多面的な機能を発揮できる景観の異質性をこれからも大切にしていきたいものである。

ソバとミヤマシジミ

生物多様性の「ホットスポット」

つぎに本書のタイトルについて考えよう。飯島町で始めた研究プロジェクトがミヤマシジミとソバの送粉であることはすでに述べたが、双方の直接的な関係性についてはこれまで触れてこなかった。すでに気づいた読者もいるかもしれないが、このいっけん無関係に思える両者は、じつはかなり深い関係にある。

まずミヤマシジミは、幼虫の食草であるコマツナギが生える農地周辺の草地に生息している。そこは、コマツナギ以外の在来の野生植物にとっても好ましい場所である。草花が咲き乱れる草地は、その蜜を求めてさまざまな昆虫が訪れる。その付近にソバ畑があれば、ソバの花に訪

[写真3-20]▶陣馬形山の山頂から一望する里山の遠景。
長野県飯島町付近、背後に中央アルプスが見える。　写真提供:筆者

景観全体で占める面積は小さいものの、ミヤマシジミなどの希少種も含めた生物多様性の「ホットスポット」となっていると同時に、農地へ送粉サービスを提供する場ともなっている。つまり、農地周辺の畔や土手の草地は、景観全体で占める面積は小さいものの、ミヤマシジミなどの希少種も含めた生物多様性の「ホットスポット」となっていると同時に、農地へ送粉サービスを提供する場ともなっている。

また昆虫も植物も草地のつながり（＝ネットワーク）の中で暮らしている。移動性の高い昆虫は当然だが、移動性がないように思える植物も、種子の飛散を通して、長期的にはネットワークでつながっている。そうしたネットワークがあれば、部分的に壊滅的なダメージを受けたとしても、ネットワーク全体でダメージから回復することができる。もちろん、ソバの実りも維持されるだろう。

いっぽう、土手の草地は放置すれば草ぼうぼうとなって、特定のイネ科草本のみがはびこる均一な環境になる。逆に、年に何度も徹底した草刈りをすれば、芝地のような多様性に乏しい環境になる。生物多様性が高い草地は、人が適度に管理することで維持されてきた、いわば半自然地である。昔は牛馬の餌や田畑の肥料のために、半自然草原は生活の一部として機能してきた。牛馬も堆肥も必要なくなった現在、草地そのものは意味をもたない空間で、単に道路や農地を物理的に支える構造的な役割としかみなされていない。そうであれば、草地をコンクリートで覆っても不思議はない。だが、コンクリートでできた灰色のインフラは、草地の緑のインフラとは生き物の豊かさの点で雲泥の差がある。ようやく最近になって、緑のインフラの重要性やご利益を再認識し始めたのである。

ソバとミヤマシジミには、もう一つ直接的な関係がある。私がミヤマシジミの生息地を再発見したときに、ソバの花に吸蜜に訪れていたことはすでに述べたとおりである。ミヤマシジミはソバの花を特別好きなわけではないが、近くにあれば割合頻繁に訪れている。ソバは人が育てた作物であり、食糧目的に植え付けているのだが、それが意図せずミヤマシジミという絶滅危惧種の蜜源にもなっているのである。そんな光景を目にしたとき、私は生き物と人の不思議なつながりを垣間見た気分になるのである。

第4章 人と自然のリアルな関係——人工資本で充満した世界からの脱却

小さな持続性に気づくこと

第1章では人が自然に抱かれながらどのように自然を改変し、社会を築いてきたかを、数万年という長大な時間スケールの中で紹介してきた。それは自然の脅威に向き合って生きてきた生物としてのヒトが、自然を改変し、社会を創る人へと変貌し、さらに利便性と引き換えに自身の生存までも危うくする環境問題を生み出してきた歴史である。

ひとことで言えば、親自然から脱自然への転換がもたらした、ある意味で必然的な帰結とみることができる。第2、3章では、筆者自身がこれまで行ってきた研究をベースに、自然と生物、人との関わりを論じてきた。もともと生態学は生物と生物、そして生物と環境との相互作用を扱う学問であり、人文社会学は人と人、そして人と自然の相互作用を扱う分野である。筆者はこの二分野の連関の重要さに気づき、人–自然–生物の三者の関係を統合した視点から、生物多様性が維持され、変貌していく仕組みを解き明かすことに喜びを感じるようになった。

そこから見えてきたことは、人と自然の適度な関わりを取り戻すことこそが、人間社会や生態系の持続性のカギとなるということである。そのためには本来、社会全体の意識やシステムを丸ごと変えるほどの変革が必要かもしれないが、個人レベルでも少しの気づきや工夫で、「小さな持続性」を生み出すことができるという光明も垣間見える。いきなり社会全体の大きな変革をめざすのではなく、まず身の回りの小さな持続性に気づき、実行できることから始めることが、やがては大きな持続性につながるのではないだろうか。

SDGsとハーマン・E・デイリー

持続可能な〝開発〟でよいのか？

持続可能性といえば、SDGs（Sustainable Development Goals）である。これは「持続可能な開発」と訳され、一七の目標が掲げられている。最近では小学校の授業でも取り上げられ、「SDGsの歌」もできたほどだ。私はある教科書の執筆を頼まれたとき、この日本語訳に違和感を覚えた。それは、Sustainable Developmentを持続可能な「開発」と訳していることである。

環境経済学者のハーマン・E・デイリーは、持続可能な発展の三原則を提案している。これは国の「第2次環境基本計画」（二〇〇〇年）のなかにも盛り込まれている。彼には『持続可能な発展の経済学』（みすず書房、2005）という大著もある。私は完読できていないが、経済学的視点に生態系のシステム論や有限性を取り入れた、たいへん優れた論説である。

少なくとも環境経済学の分野でSustainable Developmentといえば、持続可能な「発展」である。たしかにDevelopmentの日本語訳には、開発も発展もあるが、両者のニュアンスは明らかに違う。開発は土地開発などを連想させるのに対し、発展は質的向上の意味合いが強い。漢字を使う中国や台湾では、やはりSDGsは「持続可能な発展」と訳していて「開発」とは訳さない。

じつは生物学の世界でも似たような用語がある。生物学では、Growth（成長）とDevelopment（発育）は明確に使い分けられている。前者は体重など量的な増加を意味するが、後者は受精卵からの胚発生、あるいはオタマジャクシからカエルへの変態のような、形態の変革を意味している。成長と発育は連動していることは多いが、必ず連動するわけではない。極端な例では、オタマジャクシよりも変態直後の子ガエルの方が体重は軽く、羽化した直後の蝶の成虫は蛹の時の体重よりも軽い。生物学でもDevelopmentは質的変化を意味しているのである。

私は日本でなぜSDGsを「開発」と訳したかが気になり、その経緯をさまざまな人にヒアリングした。その結果、一九六〇年代のOECD（経済協力開発機構）の訳が起源であることが推察された。そのはるか後年、地球環境問題を扱う国連の委員会がまとめた一九八七年の報告書でsustainable developmentという用語が登場し、「持続可能な開発」と訳された。それから三〇年近くを経た二〇一五年に採択されたSDGsが、その訳をそのまま受け継いだらしい。私は国連関係者や行政官、その筋の研究者などに、SDGsの訳として「開発」と「発展」のどちらが適切と思うか聞いたところ、異口同音に発展が適切という答えが返ってきた。立場は違っても、

SDGsの精神としては、経済成長や土地開発のニュアンスが強い訳語よりも、社会の成熟度や生活の質を意味する発展の方がしっくりくるのは間違いないようだ。

さて、話をデイリーの三原則に戻そう。その中身は以下のとおりである。

（1）──再生可能な資源の消費速度は、その再生速度を上回ってはならない。

（2）──再生不可能資源の消費速度は、それに代わりうる持続可能な再生可能資源が開発されるペースを上回ってはならない。

（3）──汚染物質の排出速度は、環境がそうした物質を吸収し無害化する速度を上回ってはならない。

禁止事項ばかりが並んでいて窮屈に思えるかもしれないが、少し考えれば至極まっとうなことを述べている。とくに（1）と（3）は生態系の中の物質収支のバランス、つまり生産と消費、そして排出と分解のバランスがとれていなければ、資源の枯渇や有害物質の蓄積に歯止めがかからない、という意味である。（2）はやや難解だが、化石燃料は、真に持続可能で再生可能な資源を技術開発できるまで、「時間稼ぎ」できる速度で利用すべきと言っている。それより速く利用して時間切れになってはならないのだ。もっと平たく言えば、化石燃料は先を見越して慎重に利用すべしという意見である。これは、資源の枯渇を未然に防ぐのはもちろん、温室効果ガスの削減にも多少なりとも貢献できるはずだ。

だが、デイリーの主張の根幹は三原則にではなく、自然と人間社会の関係の歴史を表した簡素な図にある、と私は思っている。

自然と社会の関係図

またたく間の世界の変貌の果てに

デイリーは、「地球生態系」と「経済」の二つの関係性に注目し、その歴史的な変遷と現代社会が抱える課題について、図を使ってわかりやすく説明している［図4–1］。

人類がまだ生物の一種に過ぎなかった時代、むろん経済などは存在せず、ヒトは地球生態系のなかの取るに足らない一要素として暮らしていた。自然に存在する物質やエネルギーのほんの一部、まさに無視できるほどしか利用していなかった。農耕が始まり、社会が形成され、経済活動が始まると、自然物の利用は高まってきたが、それでも地球の収容力からすれば一部に過ぎなかった。デイリーはこの状態を「空っぽの世界」と呼んでいる。地球がもつ「自然資本」に対して、人間が造りあげた「人工資本」がわずかしかなく、空に近い状態だったのだ。

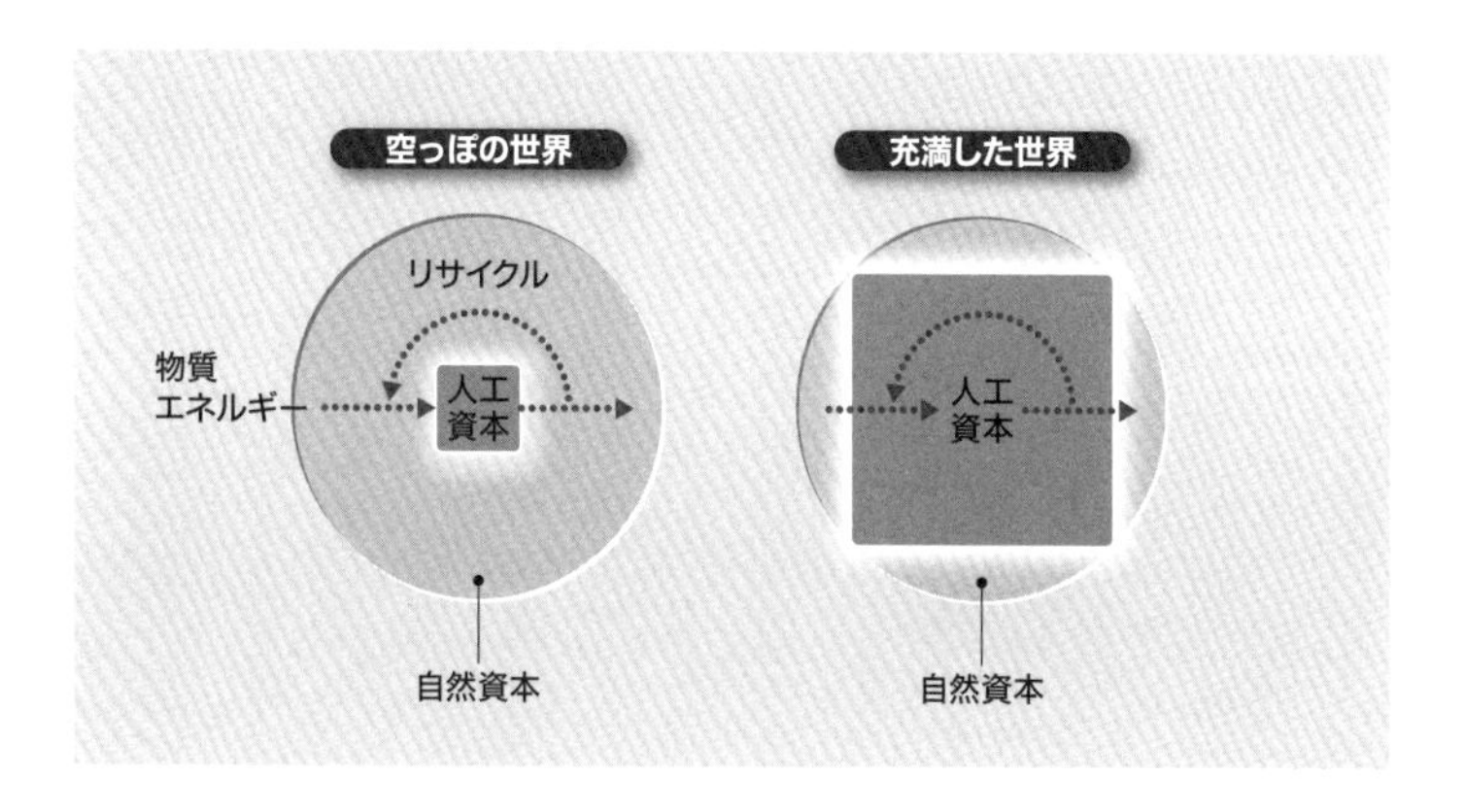

［図4−1］▶「空っぽの世界」と「充満した世界」
ハーマン・E・デイリー（2005）を改変

漁業の例でいえば、漁具（人工資本）が未発達で海のごく一部の魚（自然資本）しか採れなかった、水田稲作でいえば、灌漑技術（人工資本）が未発達で水田はごく一部の場所（自然資本）でしか作れなかった、石油でいえば、掘削技術（人工資本）が未発達で、埋蔵量（自然資本）のごく一部しか採れなかったのだ。いずれの場合も、資源の取得には人工資本が制限要因になっていた。だが、日本では明治の工業化以降、とくに戦後の高度経済成長期以降になると、空っぽの世界は瞬く間に「充満した世界」に変貌した。経済の規模は、地球全体がもつ物質やエネルギーの規模に近づき、さらに一部ではそれを凌駕するほどにまで膨れ上がった。人工資本が制限である時代から、自然資本が制限となる時代へ大きく変貌したのである。本書の第1章では、その変遷の過程を人と自然の相互関係の視点から詳しく論じてきた。

ここで重要となる認識は、地球は成長しない、したがって、経済も地球の収容力以上は成長しえないという点である。デイリーが唱える定常経済は、この単純明快な仕組みをもとにしている。もちろん、途上国のような特定の地域では成長の余地はあるが、少なくともグローバルな成長は限界にきているのである。

だが、成長の限界は発展の限界を意味していない。SDGsの目標は、社会の平和、平等、衛生の向上、海や陸の資源の持続性、空気や水の維持など、まさに質の問題を取り上げている。英語で言えば、growthを追い求める社会から、developmentを実現する社会への価値の転換を意識している。SDGsを「開発目標」ではなく、「発展目標」と訳すことがいかに適切か、すでに読者の皆さんは納得されたに違いない。

「場」としての自然–生物–人

保全活動の幅広い意義

本書の第2章と3章では、既存の資料分析や野外調査により、自然–生物–人の三者が密接な関係を持っていることを述べてきた。ここでの「自然」は、前節で述べた漠然とした自然環境ではなく、景観や個々の生態系を対象とした「場」としての自然であり、そこに棲む生物とは切り離している点に注意してほしい。人が場としての自然を造り、それが生物に影響し、さらに生物が人にさまざまな形で影響してくるという関係である〔図4–2〕。

増えすぎた野生動物や外来種、人獣共通感染症は、往々にして人間側に問題の根本があり、それが人間側に跳ね返ってきている。その逆に、人が自然を適切に管理すれば、送粉サービスや害虫防除サービスとして恩恵がもたらされる。希少種の保全については、私たちにとって物質面での見返りはないかもしれないが、受け入れ側の考え方しだいで、文化的な価値をもたらしてくれるはずだ。

地域の自然や生き物の保全活動の目的は、じつに多元的になってきている。単なる保全活動をはるかに超え、自然の循環や恩恵を学ぶ場として、また人と人との絆を深める場としての役割も担っている。私たちが飯島町を中心に行っているミヤマシジミや在来植物の保全活動、ソバ畑での昆虫観察などは、年齢や性別、職歴を超えた人たちとの交流や協同をもたらしている。たとえば、ミヤマシジミが棲む土手の草刈りで集めた草をまとめて堆肥を作り、そこに集まってきたカブトムシの幼虫を子どもたちとともに採集する催しを行っている。余った堆肥は、家庭菜園や園芸の肥料として持ち帰ってもらっている。コマツナギを育てるための堆肥に利用することもできる。これは結果として、年代を超えた大勢の人たちが関わることになる。

生態系を五感で味わう

いま社会は大きな転換期にある。「空っぽの世界」では、ひたすら利便性や経済成長を追求し、物質的に豊かになるという、単純かつ明快な目標があった。「空っぽの世界」は、自然が豊かで生物があふれる世界である。そんな時期は、人工資本にばかり目が向いて自然資本に無頓着になるのは無理もない。だが、いまは人類がこれまで経験したことのない「充満した世界」の真っただ中である。「充満した世界」をどう持続的で質の高い発展した社会へ導くか、課題は山積で何から手をつけていいか迷ってしまう。気候変動やパンデミックのような地球規模での

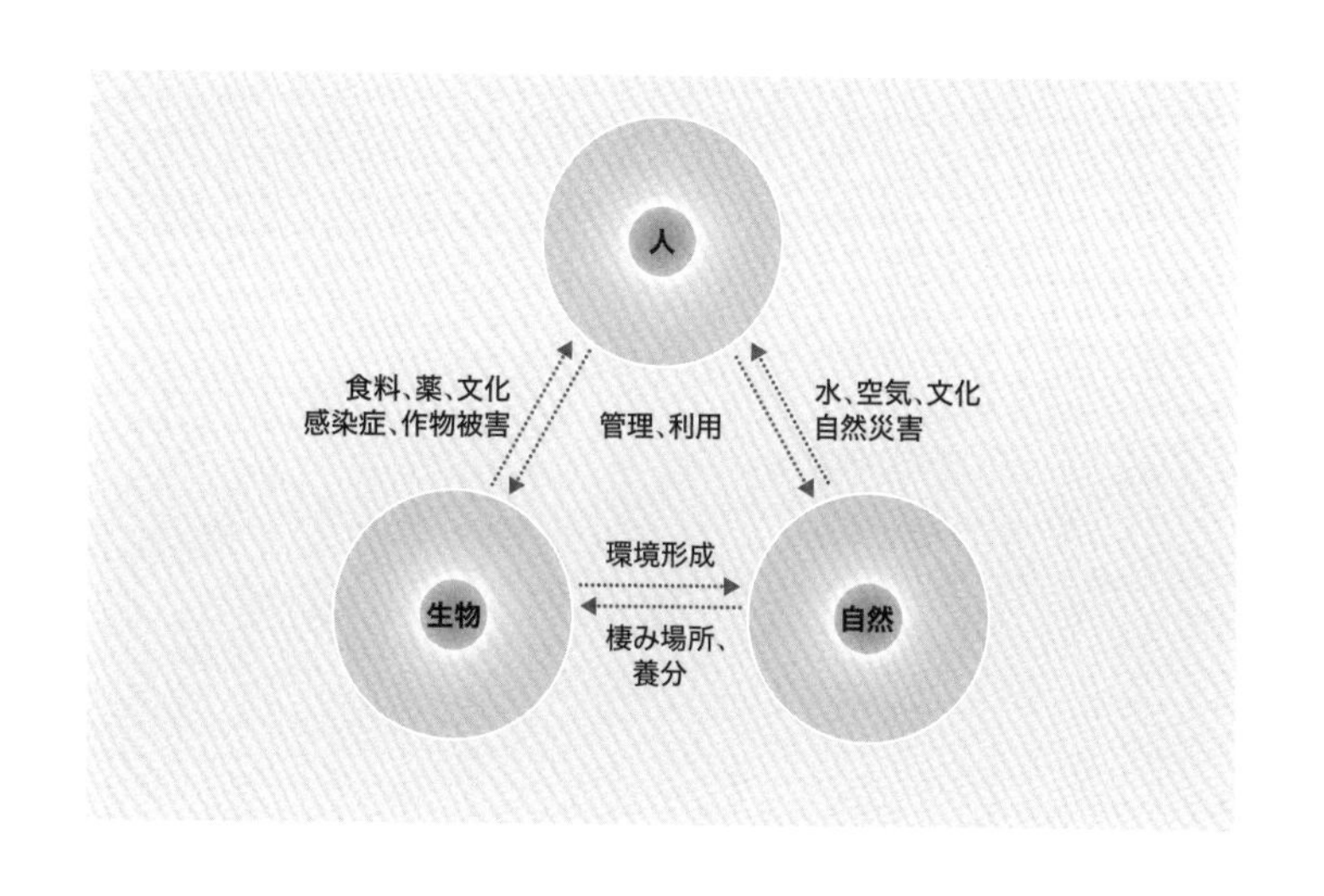

[図4-2]▶人−自然−生物の関係図

大課題もあるが、国内に目を向ければ人口減少による地方の疲弊が深刻さを増し、里山の自然も荒廃しつつある。あまり明るい話題が多くないのも事実である。

だが、身近に目を向ければ、まだ捨てがたい自然がそこかしこに残っている。私がこの本で紹介してきたのは主に里山の自然や生物たちの営みであるが、都市近郊でも意外と多様な昆虫や植物、鳥が暮らしている。私は首都圏に住んでいるが、毎年春には近所の空き地や田畑、小さな水路などで野草を摘んで、お浸しや天ぷら、酢味噌和えにして食べている。一時間もあれば三、四種類の野草は手に入る。旬の味は、一般のスーパーにある野菜ではとても代用できない味わいがある。旬のものが薬膳の食材になっているのは、知る人ぞ知るところである。

私は以前、NHKの高校講座「生物基礎」に出演した際、生態系は五感で味わうとよいと提言した。視覚はもとより、聴覚、嗅覚、触覚、味覚、まさに自然を多次元的に楽しめるからである。鳥や虫の声、野の草や花の匂い、夏の夕暮れに吹く一陣の風など、挙げればきりがない。

第1章で述べたように、メンタルヘルスや免疫機能の向上にも役立つかもしれない。むろん、それは成長経済の象徴でもあったエネルギーや資源の浪費を前提としない。なかには嫌悪感をもたらすものもあるかもしれないが、それ自体も人間が本来もっている感覚である。

自然を歩いて感じた気づき、謎解き、問題解決のための工夫、それをネタに人と対話すること、そんな時間をもてれば「充満した世界」でも個人の「発展」はいくらでもできるに違いない。

もちろん、生き物についての予備知識はたくさんあるに越したことはない。それは、気づき、謎解き、工夫のベースになるからである。幸い、いまはさまざまな情報を手軽にネットや本から入手できる。だが、本当に大事なのは、そこから先のリアルな自然や人とのコミュニケーションである［写真4－3］。AIが進歩しても、自然界の膨大な生物種の脳や体の仕組み、そして複雑な関わり合いを再現するのはまず不可能だろう。生態系は複雑で、その挙動を予測することは困難を極める。多くの学者はそれを克服すべき課題ととらえているが、じつは予測できないことこそが私たちの楽しみの源泉ではないだろうか。私は野外へ幾度足を運んでも、毎回小さな発見や驚きがある。脱自然化が進んだいまこそ、人と自然、生物のリアルな関係の復権が求められている。

［写真4−3］▶自然や人とのコミュニケーション

写真上は、コマツナギなど在来野草の育苗・植え付けの様子。下は、ミヤマシジミの保全についての地域住民に対する講演会。　写真提供：出戸秀典

あとがき

人間社会はいま、環境から数々の「反乱」を受けている。反乱とは、支配者の抑圧に耐えかねた被支配者が、既存の体制の転覆をもくろんで過激な実力行使にでることをいう。

地球温暖化や極端な気象に代表される気候変動、新型コロナウイルスなどの新興感染症の蔓延、農薬やマイクロプラスチックによる環境汚染など、社会・経済活動や人間の健康を脅かす諸問題は、元をただせばホモ・サピエンスというただ一種の支配者（生物）が引き起こした問題である。地球の資源や環境は無限であるという幻想のもと、豊かさや利便性をひたすら追い求めた顛末である。科学的には環境からの壮大な反作用に他ならないが、環境から人類への反乱という比喩は、腑に落ちる表現ではないかと思う。

環境からの反乱は「大加速」(great acceleration) がもたらした。大加速は、一九五〇年頃から社会、経済、環境のあらゆる面で加速化が進んだことを意味している。人口やGDPは社会の成長の指標であり、それを支えたのが化石エネルギーや化学肥料などである。だが、それに比例するように、二酸化炭素などの温室効果ガスや富栄養化をもたらす窒素化合物の放出が急増し、森林や海洋資源は激減した。成長の代償が環境からの反乱であることは疑いようもない。もちろん、本書でたびたび述べてきた「脱自然」がもたらした物心両面での弊害もそれに含まれる。

私は幼少期から生き物好きで、それが高じて、結局は人生を生き物や自然を知ることに費やしてきた。生き物好きがやることは、まずその名前を覚えることから始めるが、やがていつどこに行けばどれほどの生き物がいるかに興味を持つようになる。そして知れば知るほど、相手に好意を抱くようになる。だが、その相手がいつの間にかいなくなったりすると、何とか相手を守ってあげたいと思うようになる。私がそうした一連の動機で研究活動や社会活動をしてきたことは、本書から多少なりとも理解していただけたと思う。幼少期から四〇歳頃までは、社会や経済との関係に正直それほど興味はなかったが、いまは社会の歴史や現在の諸課題が生じる仕組みを語れなければ、生き物や自然を守れないという思いを強く持っている。最近、社会の平等や公正、正義、安全などいわゆる成熟度が、生態系や生物多様性の保全や持続性と深く関わっていることが科学的に証明されつつある。昨今の国内外の情勢を見れば、感覚的に納得できる読者も多いに違いない。

本書の後半では、私が半生かけて探求してきた生物と環境と、そして人間との深い関わりをひもといてきた。自然界で起きているさまざまな現象、とくに生物がらみの諸課題は、そうしたいわばネットワークのようにつながった関係性を抜きには語れない。その関係性は、まさに謎解きそのものである。はじめは見えない関係性がしだいに浮き上がってくる過程は、とてもワクワクするし、全貌が見えた時は痛快である。そして、いくつもの課題を紐解くうちに、その多くが共通の構造をもっていることに驚かされたりする。

もちろん、本書で紹介した謎解きは、自分ひとりでは到底なしえなかった。すでに五〇歳近くなった元学生から、二〇代の現役の学生まで、延べ数十人らとともに挑んできた成果である。とくに、文章中にイニシャルで表した人には、この場を借りて感謝したい。私は、面白くてしかも役に立つ研究をしたいと考えてきた。なぜかと問われれば、面白いかどうかは個人の好み次第だが、役に立つことは多くの他者を巻き込む力を持っているからだ、と答えたい。本書が大加速時代の課題解決に直接役に立つとは考えていないが、個人や地域レベルで何ができそうかを考えるうえでヒントになるのではないかと期待している。

最後に、原稿を読んで意見をいただいた出戸秀典くん、永野裕大くん、宮下恵美子さん、図を描画していただいた伊澤あさひさん、見栄えのよい写真を提供していただいた方々、ソバとミヤマシジミの研究でひとかたならぬお世話になった齋藤久夫さんや米山富和さんら長野県飯島町の皆さん、そして私が執筆のモチベーションが高まるまで数年間も待っていただいた田辺澄江さんに深く感謝したい。

二〇二三年七月

宮下　直

Applied Entomology and Zoology 51: 631–640.
▶Yeh Y-H. et al. (2020) Parasitism rate of *Plebejus argyrognomon* (Lepidoptera: Lycaenidae) under different levels of mowing management. *Entomological Science* 24: 32–34.

【第4章】

▶ハーマン・E・デイリー(2005)『持続可能な発展の経済学』、新田功・藏元忍・大森正之共訳、みすず書房

Conservation 109: 111–121.
▶Matsuyama H. et al. (2020) Associations between Japanese spotted fever (JSF) cases and wildlife distribution on the Boso Peninsula, Central Japan (2006–2017). *Journal of Veterinary Medical Science* 82: 1666–1670.
▶Miyashita T. et al. (2008) Forest edge creates small-scale variation in reproductive rate of sika deer. *Population Ecology* 50: 111–120.
▶Okada S. et al. (2022) Role of landscape context in Toxoplasma gondii infection of invasive definitive and intermediate hosts on a World Heritage Island. *International Journal for Parasitology: Parasites and Wildlife* 19: 96–104.

【第3章】

▶永野裕大（2023）畔草刈りの工夫でソバの実りが3割アップ？　現代農業（8月号：92–97）
▶Deto H. et al. (in press) Estimating appropriate disturbance timing for the population of an endangered butterfly inhabiting grassland patches in an agricultural landscape. *Journal of Insect Conservation.*
▶Hojo M. et al. (2015) Lycaenid caterpillar secretions manipulate attendant ant behavior. *Current Biology* 25: 2260–2264.
▶Miyashita T. et al. (2021) Fine-scale population fragmentation of a grassland butterfly *Plebejus argyrognomon* inhabiting agricultural field margin and riverbank in rural landscapes. *Entomological Science* 24: 382–390.
▶Natsume K. et al. (2022) Ants are effective pollinators of common buckwheat Fagopyrum esculentum. *Agriculture and Forest Entomology* 24: 446–452.
▶Tsutsui HM. et al. (2016) Spatio-temporal dynamics of generalist predators (*Tetragnatha* spider) in environmentally friendly paddy fields.

26: 1241–1247.
▶Soga M. et al. (2022) A room with a green view: the importance of nearby nature for mental health during the COVID-19 pandemic. *Ecological Applications* 31: e2248.

【第2章】

▶宮下　直・西廣　淳(2019)『人と生態系のダイナミクス1農地・草地の歴史と未来』、朝倉書店
▶Akeboshi A. et al.(2014)A forest-grassland boundary enhances patch quality for a grassland-dwelling butterfly as revealed by dispersal processes. *Journal of Insect Conservation* 19:15–24
▶Atobe T. et al.(2014)Habitat connectivity and resident shared predators determine the impact of invasive bullfrogs on native frogs in farm ponds. *Proceedings of the Royal Society* B 281: 20132621.
▶Katayama N. et al.(2015)Landscape heterogeneity-biodiversity relationship: Effect of range size. *PLoS ONE* 9: e93359
▶Kito K. et al.(2021)The significance of region-specific habitat models as revealed by habitat shifts of grey-faced buzzard in response to different agricultural schedules. *Scientific Reports* 11: 22889.
▶Kobayashi R. et al.(2011)The importance of allochthonous litter input on the biomass of an alien crayfish in farm ponds. *Population Ecology* 53: 525–534.
▶Lesiv M. et al.(2019)Estimating the global distribution of field size using crowdsourcing. *Global Change Biology* 25: 174–186.
▶Maeda T. et al. (2019) Predation on endangered species by human-subsidized domestic cats on Tokunoshima island. *Scientific Reports* 9: 16200.
▶Maezono Y. et al.(2002)Community-level impacts induced by introduced largemouth bass and bluegill in farm ponds in Japan. *Biological*

参考文献

【第1章】

▶飯沼賢司（2011）火と水の利用からみる阿蘇の草原と森の歴史：下野狩神事の世界を読み解く、『野と原の環境史』（湯本貴和 編）、文一総合出版

▶池橋　宏（2015）『稲作の起源：イネ学から考古学への挑戦』、講談社選書メチエ

▶枝村俊郎・熊谷樹一郎（2009）縄文遺跡の立地性向、GIS理論と応用 17：63–72

▶鬼頭　宏（2000）『人口から読む日本の歴史』、講談社学術文庫

▶工藤雄一郎 編（2022）『人類の進化と旧石器・縄文人のくらし』、雄山閣

▶須賀　丈・岡本　透・丑丸敦史（2012）『草地と日本人：日本列島草原1万年の旅』、築地書館

▶中川　毅（2017）『人類と気候の10万年史』、講談社ブルーバックス

▶ブレット・L・ウォーカー（2009）『絶滅した日本のオオカミ：その歴史と生態学』、北海道大学出版会

▶水本邦彦（2003）『草山の語る近世』、山川出版社

▶和辻哲郎（1979）『風土』、岩波文庫

▶Brown P. et al.（2004）A new small-bodied hominin from the Late Pleistocene of Flores, Indonesia. *Nature* 431: 1055–1061.

▶Haahtela T. et al.（2015）Hunt for the origin of allergy-comparing the Finnish and Russian Karelia. *Clinical and Experimental Allergy* 45: 891–901.

▶Roslund MI. et al.（2020）Biodiversity intervention enhances immune regulation and health-associated commensal microbiota among day-care children. *Science Advances* 6: eaba2578.

▶Sankararaman S. et al.（2016）The Combined Landscape of Denisovan and Neanderthal Ancestry in Present-Day Humans. *Current Biology*

な

は

ま

ら

わ

か

さ

た

索引

【生物名】

あ

か

さ

な

は

ま

【事項】

あ

◉**著者紹介**

宮下直（みやした・ただし）

一九六一年、長野県飯田市に生まれる。一九八五年、東京大学大学院農学系研究科林学専攻修士課程修了。現在、東京大学大学院農学生命科学研究科生圏システム学専攻教授（農学博士）。生態学を専門分野とし、主な研究テーマは「生物多様性」。日本生態学会会長（二〇二二―二四）、日本蜘蛛学会会長（二〇一二―一七）。

フィールドワークの拠点である上伊那郡飯島町が日本一のミヤマシジミの生息地であり続けられるよう、二〇二一年一〇月には「ミヤマシジミ里の会」を発足。学生や地元の人達と力を合わせ、環境保全に取り組む。

著書に『群集生態学』（共著、東京大学出版会、二〇〇三）、『生物多様性と生態学』（共著、朝倉書店、二〇一二）、『生物多様性のしくみを解く』（工作舎、二〇一四）、『となりの生物多様性』（工作舎、二〇一六）、『人と生態系のダイナミクス 1 農地・草地の歴史と未来』（共著、朝倉書店、二〇一九）ほか多数。

ソバとシジミチョウ——人–自然–生物の多様なつながり

発行日——二〇二三年九月三〇日

著者——宮下　直

編集——田辺澄江

エディトリアル・デザイン——宮城安総

印刷製本——シナノ印刷株式会社

発行者——岡田澄江

発行——工作舎　editorial corporation for human becoming

〒169-0072 東京都新宿区大久保2-4-12 新宿ラムダックスビル12F

phone 03-5155-8940　fax 03-5155-8941

url : www.kousakusha.co.jp　e-mail : saturn@kousakusha.co.jp

ISBN978-4-87502-557-3

自然を切望する◉工作舎の本

生物多様性のしくみを解く

◆宮下 直

トキ、ベッコウトンボ、カワラノギクなど身近な生き物が、なぜ絶滅の淵にいるのか。迫りくる地球規模の危機の回避は、生態系の多様性のしくみを理解することからはじまる。

●四六判●240頁●定価　本体2000円＋税

となりの生物多様性

◆宮下 直

微生物の力でできた医薬品、生物の機能を活かすバイオミメティクス、くらしの中には生物からの恩恵がいっぱい。生物多様性の視点から生活や社会を見つめ直し、将来を考える科学エッセイ。

●四六判●184頁●定価　本体1900円＋税

ガラス蜘蛛

◆M・メーテルリンク　高尾 歩＝訳　杉本秀太郎＋宮下 直＝解説

空気のアンプルに守られて活動し、快適な釣鐘型の家に暮らすミズグモ。その生態から、生命や知性の源・継承へ思いをめぐらす。幼い頃の記憶を綴った最後のエッセイ「青い泡」も収録。

●四六判上製　●144頁　●定価　本体1800円＋税

蟻の生活　改訂版

◆M・メーテルリンク　田中義廣＝訳

蟻たちが繰り広げる光景は、人間の認識を超えていた！　劇作家・別役実が「生命の神秘に迫る智慧の書である」と絶賛。『青い鳥』の作者メーテルリンクが綴る倫理の博物誌。

●四六判上製●196頁●定価　本体1900円＋税

滅びゆく植物

◆ジャン＝マリー・ペルト　ベカエール直美＝訳

バオバブ、オオミヤシばかりかチューリップの原種までもが絶滅の危機にある。生物多様性をテーマに、不思議ではかない植物を求めて世界各地をめぐる。

●四六判上製●268頁●定価　本体2600円＋税

動物たちの生きる知恵

◆ヘルムート・トリブッチ　渡辺 正＝訳

ロータリーエンジンの考案者バクテリア、ハキリバチが作るモルタルの育児室、白蟻の空調システムつきの砦など、生き物たちの暮らしぶりが語る、環境にやさしい先端技術へのヒント。

●四六判上製●322頁●定価　本体2600円＋税

星投げびと

◆ローレン・アイズリー　千葉茂樹＝訳

浜辺に打ち上げられたヒトデを海に投げる男と出会い、慈悲の意味を知る。自然との関わりの中で、自然–宇宙との繋がり、生命の本質を思索した傑作短編集。

●四六判上製●408頁●定価　本体2600円＋税

コッド岬

◆ヘンリー・デイヴィッド・ソロー　飯田 実＝訳

『森の生活』のソローによる海辺の旅行記。きびしい自然と人々のたくましい生活を、ユーモアをちりばめて描写する。自然をよしとする著者の価値観があふれる傑作。

●四六判上製●404頁●定価　本体2500円＋税

屋久島の時間

◆星川 淳

屋久島に移り住み半農半著生活を続ける著者が、とびきりの春夏秋冬を綴る。雪の温泉で身を清める新年からマツムシの大合唱を聴く秋まで、自然との共生を教えてくれる好エッセイ。

●四六判上製●232頁●定価　本体1900円＋税

ガイアの時代

◆J.ラヴロック　ルイス・トマス＝序文　星川 淳＝訳

酸性雨、二酸化炭素、森林伐採…病んだ地球は誰が癒すのか？ 40億年の地球の進化・成長史を豊富な事例によって鮮やかに検証、ガイアの病いの真の原因を究明する。

●四六判上製●392頁●定価　本体2330円＋税

地球の庭を耕すと

◆ジム・ノルマン　星川 淳＝訳

『イルカの夢時間』のノルマンが田舎に籠り、園芸を始めた。何千年も生きるセコイアに悠久の時を思い、キャベツにマントラを唱えて成長を祈る。庭を耕しながら考える自然、地球、命。

●四六判上製●348頁●定価　本体1900円＋税

カオスの自然学　新装版

◆テオドール・シュベンク　赤井敏夫＝訳

水や大気が生み出すさまざまな形態には、生命の誕生、群体のオーガニズム、言語の発生などの謎を解く鍵が秘められている。180余点の図版・写真による流れの万華鏡を収録。

●四六判上製●328頁●定価　本体2400円＋税